BIOCHEMISCHE GRUNDLAGEN DER DISPOSITION FÜR KARZINOM

VON

PROF. DR. **ERNST FREUND** UND DR. **GISA KAMINER**

WIEN

VERLAG VON JULIUS SPRINGER

1925

ISBN-13: 978-3-7091-9573-4   e-ISBN-13: 978-3-7091-9820-9
DOI: 10.1007/978-3-7091-9820-9

Inhaltsverzeichnis.

1. Kapitel.

Klinische Grundlagen für die Dispositionsannahme.

Während die moderne Karzinomforschung sich hauptsächlich um die pathologische Erscheinungsweise des Tumorengiftes kümmert, liegen in Bezug auf die Art und Weise der Disposition, die das eindringende Gift im Organismus findet, fast keinerlei Arbeiten vor. Es muß dies um so auffallender erscheinen, als nicht nur die medizinischen Erfahrungen aus ältester Zeit, sondern auch die Forschungen der neuesten Zeit an der Annahme einer Disposition festzuhalten zwingen. Die Gründe der medizinischen Erfahrungen scheinen uns darin gelegen zu sein, daß trotz Jahrhunderte langer sichergestellter Beobachtung sich nicht das Vorurteil der Ansteckungsfähigkeit ausgebildet hat und auch die jüngere medizinische Literatur mit ihrem reichen Material an Karzinomoperationen keine sichergestellten Fälle von Ansteckung meldet. Auch die modernen Impfstudien über Karzinom haben trotz ihrer überraschenden Erfolge doch immer wieder erkennen lassen, daß es bei einer bestimmten Spezies immer Tiere gibt, die einer Infektion Widerstand leisten. Bedenkt man, mit welch erschreckender Raschheit Metastasen durch Zellverschleppung bei karzinomatösen Individuen zustande kommen können und vergleicht damit, wie anderseits in wenigen Tagen nach Impfung eines nußgroßen Tumorstückchens in einen gesunden Organismus derselben Tierspezies die Zellen total verschwunden sein können, so legt das differente Verhalten des gesunden und kranken Organismus die Annahme einer Disposition nahe. Die Notwendigkeit dieser Annahme ergibt sich auch aus der Betrachtung der wichtigsten Hypothesen, die über die Ursachen des Karzinoms aufgestellt wurden.

Seit Beginn der Karzinomforschung schwanken die Hypothesen bezüglich der Genese des Karzinoms hauptsächlich zwischen dreierlei Möglichkeiten: Die Krankheit kann angeboren sein, eine Mißbildung, wie es solche zur Zeit der embryonalen Entwicklung gibt, nur mit dem Unterschied, daß sie sich in späteren Lebensjahren erst entwickelt.

Man spricht nach COHNHEIM von versprengten Gewebskeimen, nach RIBBERT von falscher Anlage. Als weitere Ursache wird der Reiz durch ein Lebewesen (Infektion) oder durch ein organisches Gift angenommen, als dritte Ursache Mangel oder fehlerhafte Funktion des Organismus, wobei also das Karzinom als Folge von Fehlern im Stoffwechsel entstünde. Da die bisherigen Forschungen unentschieden gelassen haben, welche dieser möglichen Ursachen die wirkliche ist, oder ob nicht alle diese Ursachen wirksam sein können, müssen wir alle drei Ursachen in der Richtung in Betracht ziehen, welches die Aufgaben der chemischen Forschung für den Kampf gegen sie wären. Betrachten wir die Berechtigung der ersten Annahme, so ist kein Zweifel, daß für die Keimtheorie die angeborenen Fälle sprechen, daß sie aber nicht zu erklären vermag, weshalb so oft an jenen Stellen Karzinom auftritt, die durch äußere Einwirkungen, wie Biß, Trauma, chronische Reize, z. B. Teer und Röntgenbestrahlung verändert sind (also ganz unabhängig sind von angeborenen Anomalien). Man wird daher zur Annahme gedrängt, daß es noch etwas außer dem angeborenen Keime geben muß, das zur Karzinombildung führt, und diese Annahme gewinnt noch darin um so mehr eine Stütze, daß selbst bei den angeborenen Fällen das Hinzutreten irgend eines Faktors angenommen werden muß, da die gleichen angeborenen Keime in dem einen Falle wenige Monate, in dem anderen viele Jahre ruhig bleiben, bis sie ungehemmte Ausbreitungsmöglichkeit finden. Auch das könnte in der Natur des Keimes gelegen sein, wie ja die Geschlechtscharaktere oder die Zahnkeime sich auch erst in einem gewissen Zeitpunkt entwickeln.

Diese Annahme aber reicht nicht aus, um die Wachstumserscheinung des Karzinoms auf die Wirksamkeit des Keimes allein zu beziehen.

Jeder Mutter ist es z. B. bekannt, daß das Vordringen der Zähne nicht nur von der Tendenz des Keimes, die ja immer vorhanden ist, sondern auch von den Ernährungs- und Gesundheitsverhältnissen des Kindes, manchmal sogar von lokalen Verhältnissen abhängt. Und der Einfluß allgemeiner oder nachbarlicher Faktoren, der hier unter physiologischen Verhältnissen zu beobachten ist, läßt sich auch bei Tumoren erweisen.

Ja, es genügt nicht einmal, anzunehmen, daß das Aufflammen des Wachstums durch das Hinzutreten eines besonderen Reizes auf den Gewebskeim ausgelöst werde, denn trotz der zahllosen Angaben über einzelne, das Karzinom angeblich verursachende Reize ist doch nicht ein einziger Reiz bekannt, der in der großen Mehrzahl der Beteiligten das Karzinom nach sich zöge. Der Raucher-, der Schornsteinfeger-, der Teerkrebs, ebenso der Krebs der krankhaft gereizten Organstellen in der Gallenblase, im Darme, in Hautgeschwüren, betrifft doch immer nur einen überraschend kleinen Teil der in Frage kommenden Individuen, und überdies tritt doch bei Reizen das Karzinom an der gereizten und nicht an der dem angeborenen Keim entsprechenden Stelle auf.

Gewiß, es kann kein Zweifel sein, daß an der lokalen Stelle, an der das Karzinom entsteht, ein lokaler Reiz von wesentlichster Bedeutung ist.

Die Tatsache, daß nach rechtzeitiger radikaler Operation des primären Karzinoms gewöhnlich keine Rezidive folgt, ist ein Beweis dafür.

Aber der Reiz allein erklärt die Erscheinung nicht und wir müssen auch bei Annahme eines Reizes doch auch berücksichtigen, daß nebstdem im Organismus gelegene Bedingungen zu suchen sind, die das nur in manchen Individuen und nur zu gewissen Zeiten auftretende Wachstum des Keimes erklären, sei es, daß sie dem Keime besondere Wachstumsmittel geben, oder der Nachbarschaft die Mittel (das Material), nehmen, sich zu erhalten.

Für die zweite Annahme, die der Infektion, sprechen, abgesehen von der pathologischen Grundlage der Metastasierung, die in der miliaren Form vollkommene Analogie zur Infektion zeigt, auch jene Fälle, bei denen nach Radikaloperationen vollkommene Heilung eintritt. Insbesondere die glänzenden Resultate der modernen Mäuseforschung mit ihren hie und da 100%igen Impfresultaten. Aber gerade die Übertragbarkeit ist auch ein Moment, das schwerwiegende Gegengründe bietet; ist doch die Übertragbarkeit auf bestimmte Tierspezies beschränkt geblieben, während bei den anderen Tierspezies z. B. Hund, diese Übertragbarkeit nicht leicht durchführbar ist, trotzdem das Hundekarzinom nicht zu den seltenen Krankheiten gehört. Selbst beim Mäusekrebs haben die längste Zeit die Impfexperimente so ungenügende Resultate ergeben, daß man von einer atreptischen Immunität gesprochen hat und die 100% Impfresultate einerseits eine Rarität waren, die sich dadurch erklären lassen, daß in einzelnen Fällen die Virulenz des Keimes so stark gesteigert ist, daß er bei den betreffenden Tieren die stets vorhandenen Abwehrkräfte besiegt, und daß bei diesen Statistiken gewöhnlich nur die überlebenden Tiere gezählt wurden; dabei darf nicht vergessen werden, daß solche durch Tierpassage gesteigerte virulente Keime keine Analogie beim menschlichen Karzinom finden.

Trotz dieser oft günstigen Impfresultate sind aber bei Übertragung des Mäusekarzinoms Abwehrkräfte sichtbar, und darin ist das Moment zu sehen, das gegen das Karzinom schützt und dessen Mangel die Disposition darstellt, die offenbar nötig ist, damit die vorhin besprochenen veranlassenden Ursachen wirklich zur Ausbreitung gelangen können. Es zeigt sich also, daß, von welcher Annahme immer man ausgeht, man doch in keinem Falle darüber hinwegkommt, daß auch von Seiten des Organismus etwas vorhanden sein muß, das eigentlich von ausschlaggebender Bedeutung ist, ob die veranlassenden Faktoren überhaupt zur Geltung kommen können. Wir müssen also, gleichviel, ob wir die Hypothese eines versprengten Keimes, eines Lebewesens oder eines chronischen Reizes zugrunde legen, immer auf eine Anomalie des Stoffwechsels Rücksicht nehmen und es dabei offen lassen, ob vielleicht diese letztere das Maßgebende ist.

Für den Laien mag es etwas ungemein Hoffnungsvolles in sich schließen, wenn er hört, daß man den Stoffwechsel einer Krankheit studiert.

Wenn wir die Summe der Umänderungen aller Substanzen kennen lernen, die der Lebensprozeß in uns verändert, dann müßte alles ersichtlich werden resp. durch die vielen Studien bisher schon klargelegt sein. Der Erfahrene kann diesen Hoffnungen nur mit einer Enttäuschung begegnen. Die Entwicklung unserer Kenntnisse über den Stoffwechsel hat geradezu einem Schlagworte zuliebe eine ganz einseitige Richtung genommen. Dieses Schlagwort besagt in übe großer Ausdehnung eines wahren Sachverhaltes:

Im Stoffwechsel der organischen Welt zeigt sich ein ganz merkwürdiger Gegensatz. Die Pflanzen bauen aus einfachen Elementen hoch zusammengesetzte Substanzen in ihren Geweben auf und der tierische Organismus nimmt diese hoch zusammengesetzten Substanzen in der Nahrung zu sich und sein Stoffwechsel besteht darin, dieselben wieder zu zerstören resp. in einfache Stoffe abzubauen. So existiert ein herrlicher Kreislauf, der die organisierte Welt erhält.

Der Zauber dieser Anschauung hat nun dahin geführt, daß man beim Studium des tierischen Stoffwechsels fast nur auf den Abbau Rücksicht genommen hat und die Verhältnisse des Aufbaues von Zellen fast gar nicht berücksichtigt hat.

Unterstützt wurde dieses Bestreben durch die Erkenntnis, daß die Substanzen, die der Organismus aufnimmt, nach vollendetem Wachstum zum allergeringsten Teile zum Ersatz der tierischen Körperbestandteile verwendet werden, vielmehr zum allergrößten Teile zur Erzeugung von Wärme und Bewegung.

So schien es also nur Interesse zu haben, nachzusehen, wieviel und in welcher Weise die Nahrungssubstanzen, eventuell die zerfallenden Körperbestandteile abgebaut würden.

Mit Rücksicht darauf hat man sich auch begnügt, den Stoffwechsel so zu untersuchen, wie wenn man ein Fabriksunternehmen nur aus seinen Zufuhren und den Abflußwässern kennen lernen wollte.

Die höchste Entwicklung in dieser Richtung hat dazu geführt, den ganzen Stoffwechsel als einen Vorgang aufzufassen, dessen Verständnis am besten durch eine Bilanz von Stickstoff, Kohlenstoff, Schwefel, Sauerstoff usw. dargestellt werden kann.

Zeigt der Vergleich der Einfuhr und der Abwässer Gleichgewicht, so entspricht dies der Norm. Sind die Abwässer geringer, dann können Kohlenstoff- und Stickstoffwerte als Dividenden des Stoffwechsels, der erstere als Fett, der letztere als Eiweiß im Kapital des Fabriksunter nehmens investiert werden.

Nur das Überwiegen der Ausgaben über die Einfuhr bedeutet Ab nahme des Kapitales der Fabrik, Verlust am Körper.

Es ist begreiflich, daß diese Art Stoffwechseluntersuchung bei Karzinomatösen die Gewichtsabnahme des Körpers aufgedeckt hat und wenn auch damit nichts Neues erwiesen war, doch die Möglichkeit geschaffen hat, auch in einem Tage über den Grad des Verfalles des Organismus sich klar zu werden.

Es war nun naheliegend, sich nicht nur auf den Nachweis der quantitativen Größe der Stickstoffverluste zu beschränken, sondern auch nachzusehen, ob nicht der exzessive Körpersubstanzverlust bei Karzinom auf qualitativ anderen Wegen als in der Norm erfolge.

Dies hat sich auch in der Tat zeigen lassen und es ist in einer Arbeit Dr. Töpfers aus dem chemischen Laboratorium der Rudolf-Stiftung (1892) zum erstenmal darauf hingewiesen worden, daß ein exzessiv hoher Anteil des im Urin ausgeschiedenen Stickstoffes in einer abnormen Form ausgeschieden werde, die mit Rücksicht auf eine später erschienene Untersuchung Gottliebs und Bondzinskys den Namen Oxyproteinsäure erhalten hat.

Diese Tatsache ist durch Untersuchungen von Saxl und Salomon, die zu diagnostischen Zwecken mit vereinfachten Methoden die Oxyprotein säure zu bestimmen suchten, bestätigt und dahin ergänzt worden, daß bei Karzinomen auch Substanzen von polypeptidartigem Charakter ausgeschieden werden.[1]

Es fehlt aber heute noch an einer genügend genauen Darstellung der bei Karzinom im Urin vermehrt vorkommenden stickstoffhaltigen Substanzen und ebenso der Nachweis, ob diese nur als Folgeerscheinung des Karzinoms aufzufassen sind oder nicht, resp. ob sie z. B. nach Exstirpation des Karzinoms verschwinden

Es fehlt uns weiter jede Kenntnis darüber, ob diese spezifischen Ausscheidungen abhängig sind von der Größe des Karzinoms, von der Raschheit des Wachstums und wie sie sich z. B. bei Einwirkung eines Erysipels verhalten oder bei Nahrungsänderung.

---

[1] Spätere Arbeiten (Kojo, Ginsberg, Fürth, Damask) haben die wesentlichen, wenn auch nicht immer diagnostisch verwertbaren Beziehungen der Oxyproteinsäure zu Karzinom bestätigt; Edelbacher sowie Freund und Kraft haben den Oxyproteinsäure genannten Bestandteil als Säureverbindung des Harnstoffs nachgewiesen.

Aber selbst wenn diese Stoffwechseluntersuchungen eingehender betrieben würden, so muß es uns klar sein, daß wir bei den Änderungen des Stoffwechsels wohl hauptsächlich Folgeerscheinungen des Karzinoms beobachten und wir höchstens erhoffen dürften, aus den gefundenen Folgeerscheinungen auf Art und Wesen der Ursache des Karzinoms zurückschließen zu dürfen.

Was wir aber aus der Änderung des Stoffwechsels finden wollen, das sind die Verhältnisse, die zum Karzinom führen. Daraus geht zunächst die Lehre hervor, daß wir den Stoffwechsel untersuchen müßten, bevor ein Karzinom da ist. Also z. B. in jenen seltenen Hautkrankheiten, die als Vorläufer des Hautkarzinoms gelten oder in Karzinomfällen, wo das primäre Karzinom operiert ist und ein Rezidiv zu erwarten ist.

Es verhält sich damit ähnlich, wie beim Studium der Chlorose, wo die Stoffwechseluntersuchungen auf dem Höhepunkt der Krankheit, wo sie gewöhnlich beobachtet werden, nur die notwendigen Folgeerscheinungen der bestehenden Anämie zeigen, während sie uns nur dann Aufklärung bringen könnten, wenn wir z. B. im Zeitraum nach einer Wiederherstellung der Chlorose den Stoffwechsel untersuchen würden, während dessen Chlorose sich wieder einstellt.

Ist es dabei unser Wunsch, uns über Aufbauänderungen im Organismus zu orientieren, dann dürfen wir nicht lediglich die Abwässer der Fabrik untersuchen, dann müssen wir wohl unsere Untersuchungen auch auf das Innere des Fabriksunternehmens ausdehnen, Blut und Organe in ihren Funktionen untersuchen.

Denn im karzinomatösen Organismus findet die Karzinomzelle, wohin sie auch verschleppt wird, leicht die Möglichkeit der Fortentwicklung, während der normale Organismus, wie vorhin erwähnt, dem Festsetzen der Zelle Widerstand leistet. Diese auffallende Tatsache des Gegensatzes im Verhalten des normalen Organismus und karzinomatösen Organismus gegenüber dem Eindringen des Karzinoms hat uns dazu geführt, direkt nachzusehen, ob sich nicht ein verschiedenes Verhalten normaler und karzinomatöser Sera gegenüber eingebrachten Karzinomzellen beobachten ließe. Solche Versuche über die Beziehungen des Karzinomserums und des Normalserums zur Karzinomzelle haben uns zur zytolytischen Reaktion geführt, die im nachfolgenden ausführlich wiedergegeben wird, und deren Hauptergebnis die Feststellung war, daß sich das Serum Karzinomfreier gegenüber Karzinomzellen anders verhält, als das Serum Karzinomatöser, indem das erstere die Karzinomzellen in größerem Maße löst, während diese Eigenschaft dem Karzinomserum mangelt.

2. Kapitel.

Die zytodiagnostische Reaktion nach Freund-Kaminer.

1. Die zytolytische Reaktion.

Zur Anstellung der Reaktion sind folgende Materialien und Utensilien notwendig:

1. Das Zellmaterial;
2. Serum;
3. Lösung von 0.6% CL Na $+ 1\%$ Natrium phosphoric. acid.;
4. Zählkammer und Mikroskop;
5. Brutschrank;
6. 5% Fluornatriumlösung; oder
7. 3% Trikresol, das für längere Aufbewahrung besser ist.

Das Zellenmaterial.

Die Tumoren, von denen möglichst nicht degenerierte Stücke zur Verwendung gelangen sollen, werden nach vorhergegangener Zerkleinerung mit Messer und Schere in ein poröses Preßtuch eingewickelt und unter Wasser mit einem Gehalt von 0.6% Cl Na und saurem phosphorsaurem Natron mit den Händen gepreßt, wobei das Bindegewebe und die Blutgefäße zurückbleiben, während die Zellen größtenteils ungeschädigt durch die Poren des Tuches durchtreten. Aus der so erhaltenen Zellaufschwemmung werden die Zellen durch Zentrifugieren gesammelt und mit einer Lösung von 0.6% Cl Na und 1% saurem phosphorsaurem Natron bis zehnmal gewaschen. Das zuletzt erhaltene Zentrifugat wird in einem gleichen Volumen der oben erwähnten Lösung aufgeschwemmt und die so erhaltene Zellaufschwemmung durch Zusatz von Fluornatrium auf einen Gehalt von 1% Fl Na gebracht. oder durch Zusatz von 3% Trikresollösung auf einen Gehalt von 0.3% Trikresol. (Die Fluornatriumlösung darf mit Alizarin keine Violettfärbung sondern nur Rotfärbung geben.) Da es sich bei der später zu beschreibenden Ausführung der Reaktion als zweckmäßig erweist, wenn die Konzentration der Zellen derart ist, daß bei einer zwanzigfachen Verdünnung in 16 Feldern einer THOMA-ZEISSschen Zählkammer zirka 20 Zellen zu zählen sind, so nehme man einen Tropfen der erhaltenen Zellaufschwemmung, gebe dazu 20 Tropfen einer 0.6% ClNa-Lösung und überzeuge sich, welche Konzentration die Zellaufschwemmung besitzt, d. h. wieviel Zellen in 16 kleinen Quadraten der THOMA-ZEISSschen Zählkammer unter dem Mikroskop zu zählen sind. Vor Anstellung der Reaktion hat man sich von der Konzentration der Zellaufschwemmung zu überzeugen. Ist die Konzentration die vorgeschriebene, d. h. sind die 16 kleinen Quadrate der THOMA-ZEISSschen

Zählkammer zirka 20 Zellen zu zählen, so ist die Mischung ohne Änderung zu verwenden. Ist die Konzentration aber eine höhere, so hat man entsprechend viel einer 0·6% Cl Na + 1% Fl Na-Lösung dazu zu geben, bis die entsprechende Verdünnung erzielt wird, Ist die Lösung zu verdünnt, d. h. sind weniger als 20 Zellen in je 16 Quadraten zu zählen, so muß man bei Anstellung der Probe statt eines Tropfens zwei resp. drei dazugeben oder nach Absetzenlassen der Zellen einen Teil der Flüssigkeit wegschütten. Ein späteres Beispiel soll diesen Fall erörtern. Das Zellmaterial wird in ein absolut reines Glasgefäß gefüllt, sicher verschlossen und in den Eisschrank gestellt. Dabei ist zu beachten, daß die Zellen nicht gefrieren, da gefrorene Zellen beim Auftauen auch bei Zimmertemperatur ihre Brauchbarkeit verlieren. Am besten ist es, die Zellen bei einer Temperatur von zirka 1⁰ über 0⁰ C aufzubewahren.

Gewinnung des Blutserums.

Es ist dabei auf die folgenden Bedingungen zu achten.

1. Das Blut darf nicht in der Verdauung entnommen werden. Man erreicht dies am sichersten dadurch, daß man das Blut im nüchternen Zustande durch Venaepunktion entnimmt.

2. Das Blutserum soll hämoglobinfrei sein. Das Blut wird durch eine trockene Nadel der Vene entnommen und direkt in eine sterile Eprouvette aufgefangen. Nach der Entnahme wird das Blut vorsichtig mittels einer ausgeglühten und hierauf abgekühlten Platinöse von der Wand der Eprouvette abgelöst und das Blut[1]) drei bis vier Stunden in der Kälte stehen gelassen. Hierauf wird das Serum zentrifugiert und das so erhaltene klare Serum kann sofort der Untersuchung unterzogen werden. Doch bleibt das Serum, wenn es im Kälteschrank aufbewahrt wird, zirka zwei Tage verwendbar.

3. Das Serum darf nicht zur Zeit des Fiebers dem Patienten entnommen werden, weil im Fieberzustande, ähnlich wie bei der Verdauung, wahrscheinlich durch Leukozytenzerfall, Stoffe im Serum frei werden, die ein eminent hohes Zerstörungsvermögen für Organzellen jeder Art — auch für Karzinomzellen — haben.

Anstellung der Reaktion.

In zirka 8 *cm* hohe Glaseprouvetten mit einem Durchmesser von zirka 0·7 *cm* werden mit einer Pipette 20 Tropfen des zu untersuchenden Serums, ein Tropfen der Zellemulsion und zwei Tropfen einer 1%igen

---

[1]) Wenn man das Blut sofort nach der Entnahme zur Serumgewinnung verwendet und mit diesem die Reaktion aufstellt, so kann es geschehen, daß eine Nachgerinnung in der Probe eintritt, die eine Verklumpung der im Serum befindlichen Zellen zur Folge hat. Die Zählung ist dann unverwendbar.

gegen Alizarin rot reagierenden Fl Na-Lösung oder zwei Tropfen 3% Trikresollösung gegeben. Diese Mischung wird stark geschüttelt, um eine gleichmäßige Verteilung der Zellen zu erzielen. Hierauf wird mittels einer Pipette Flüssigkeit aufgezogen, die Spitze der Pipette sorgfältig abgewischt, die ersten zwei oder drei Tropfen abfließen gelassen und dann ein Tropfen in die THOMA-ZEISSsche Zählkammer gegeben[1]). Die Serumprobe samt den Kontrollen wird nun durch 24 Stunden bei 37° im Brutschrank belassen. Nach dieser Zeit wird auf die oben beschriebene Weise ein Tropfen der Probe, wie auch je ein Tropfen der Kontrolle unter dem Mikroskop zur Zählung gebracht. Die Kammer wird in der üblichen Weise so bedeckt, daß sich keine Luftblase in der Kammer befindet. Nachdem man einige Sekunden gewartet hat, bis die Flüssigkeit in der Kammer zur Ruhe gekommen ist, wird unter dem Mikroskop die Anzahl der Zellen in je 16 kleinen Quadraten gezählt, und zwar zählt man zweckmäßig mindestens viermal je 16 Quadrate. Hierauf werden die Kontrollen aufgestellt, und zwar: Kontrolle 1. Ein Tropfen Zellmaterial mit 20 Tropfen Normalserum (um zu sehen, ob die Zellen der Anforderung entsprechen, durch normales Serum zerstörbar zu sein). Kontrolle 2. Ein Tropfen Zellemulsion mit 20 Tropfen Karzinomserum (um zu sehen, ob die Zellen der Anforderung entsprechen, im Karzinomserum erhaltbar zu sein).

Bisweilen, und das mag für Untersuchungsstellen mit geringerem Material mehr Bedeutung haben, erhält man Zellen, die vom normalen Serum nur bis zu 50% zerstört werden. Man kann nun auch mit solchen Zellen arbeiten, falls die karzinomatöse Kontrolle keine Zerstörung zeigt. So daß die Differenz der Zerstörungsfähigkeit 50% beträgt.

Beurteilung des Resultates.

Bezüglich der Beurteilung des Resultates muß vor allem berücksichtigt werden, wie sich die Zellen in den Kontrollen verhalten haben. Hat man Zellen zur Verfügung gehabt, die vom normalen Serum bis ungefähr 80% zerstört worden sind, von einem karzinomatösen bis 20%, so ist die Beurteilung ungemein leicht. Ein Zahlenbeispiel möge diese Verhältnisse klarer darstellen. Beispiel A. Bei der ersten Zählung sind bei der Probe des zu untersuchenden Serums 20 Zellen in je 16 kleinen Quadraten gezählt worden. Nach 24 Stunden werden bei der zweiten Zählung in 16 kleinen Quadraten durchschnittlich nur zwei Zellen gezählt. Die Differenz beträgt 18 Zellen, d. h. unter 20 Zellen sind durch den Einfluß des Serums 18 zerstört worden

---

[1]) Wenn man den Tropfen zu langsam sich absetzen läßt, kann es zu einer Häufung der Zellen in denselben kommen.

$$d.\ f.\ 100 : \times = 20 : 18$$
$$\times = 18 \cdot \frac{100}{20} = 90\%$$

d. h. die Zerstörungsfähigkeit des Serums A beträgt 90%, es verhält sich also wie ein karzinomfreies Serum. Beispiel B. Bei der ersten Zählung seien beim Serum B 22 Zellen in 16 kleinen Quadraten gezählt worden, nach 24 Stunden bei der zweiten Zählung 19 Zellen. Die Differenz beträgt drei Zellen, das ist 14% d. f., dem Serum B fehlt die Zerstörungskraft eines normalen Serums, es verhält sich wie ein karzinomatöses Serum.

Anmerkung: Das Serum von radikal operierten Patienten erlangt seine Zerstörungsfähigkeit gewöhnlich nach drei bis sechs Monaten wieder. Bei mit Radium bestrahlten Tumoren nimmt die Fähigkeit, Zellen zu zerstören, zu.

2. Die Schutzreaktion[1]).

Die Untersuchungen mittels der zytolytischen Reaktion haben nun ergeben, daß der Unterschied nicht nur darin besteht, daß dem Normalserum ein Lösungsvermögen innewohnt, das dem Karzinomserum fehlt, sondern daß das Karzinomserum ein aktives Schutzvermögen für die Karzinomzelle besitzt.

Es geht dies aus folgenden Beobachtungen hervor: Das Serum normaler Erwachsener kann mit Kochsalzlösung bis auf das Doppelte verdünnt werden, ohne daß das Lösungsvermögen verschwindet, wenn man aber statt mit Kochsalzlösung mit Karzinomserum verdünnt, erlischt das Lösungsvermögen schon bei $1/_3$ Verdünnung. Dieser Verlust muß auf dem Vorhandensein einer Schutzsubstanz für die Karzinomzelle gegenüber der Zerstörung durch Normalserum beruhen. Die Modalitäten dieses Nachweises sind im nachfolgenden beschrieben.

Diese Reaktion beruht auf der Tatsache, daß das Karzinomserum eine Substanz besitzt (Schutzkörper für Karzinomzellen), die, zu Karzinomzellen zugesetzt, diese vor Zerstörung durch normales Serum schützt.

Anstellung der Reaktion[2]). In zirka 8 *cm* hohe Glaseprouvetten mit dem Durchmesser zirka 0·7 *cm* werden acht Tropfen des zu untersuchenden Serums, zwölf Tropfen Normalserum, ein Tropfen der Zellemulsion und zwei Tropfen einer 1%igen FlNa-Lösung oder 3%igen Tricresollösung gegeben. Diese Mischung wird stark geschüttelt und in der früher beschriebenen Weise (siehe S. 8) zur Zählung gebracht. Hierauf wird als Kontrolle aufgestellt: ein Tropfen Zellemulsion mit zwölf Tropfen normalem Serum, acht Tropfen 0·6%ige ClNa-Lösung. Die Proben werden nach vierundzwanzigstündigem Belassen im Brut-

---

[1]) Wichtig zur Differentialdiagnose bei Gravidität und bei operierten Karzinomen.

[2]) Das notwendige Material entspricht dem der Zytolytischen Reaktion. (S. 7.)

schrank zur nochmaligen Zählung in die THOMA - ZEISSsche Zählkammer gebracht. Sind die Zellen nicht oder wenig zerstört, dann besitzt das Serum Schutzkraft, vermag also die Zellen vor der Zerstörung durch normales Serum zu schützen: es stammt von einem karzinomatösen Patienten. Es ist mittels dieser Reaktion eine direkte Wechselwirkung zwischen Substanzen des Serums und der Krebszellen nachgewiesen worden. Im normalen Serum finden sich Stoffe, die die Krebszelle zerstören, im Karzinomserum solche, die der Krebszelle Abwehrmittel verleihen, gegen ihren Tod anzukämpfen. Über die chemische Natur dieser Substanzen wird an einer späteren Stelle berichtet werden.

Diagnostische Verwendbarkeit.

Da die zytodiagnostische Reaktion schon bei beginnenden Karzinomen beobachtet wurde, so wurde sie zu diagnostischen Zwecken verwendet. Schon bei der ersten Publikation konnten wir hervorheben, daß es Ausnahmen von der Regel gebe, die wir mit zirka 12% der Fälle angaben. Unter den 12% Fehlresultaten waren relativ häufig Ikterusfälle zu verzeichnen, wenn auch der Ikterus als solcher oder überhaupt Lebererkrankungen keineswegs allgemein abweichend reagierten. Es liegt nahe, diesen Fehler damit in Zusammenhang zu bringen, daß wir meistens mit Lebermetastasen arbeiteten und in gewissen Fällen organspezifische Schutzverhältnisse sich geltend machten.

Weit wichtiger erschienen zwei andere Fehlerquellen: Die Sera dürfen, wie erwähnt, weder im Fieber noch in der Verdauung entnommen werden, da in beiden Fällen auch die Karzinomsera Lösungsvermögen für Karzinomzellen gewinnen können. Das Lösungsvermögen im Fieber kann nicht auffallend erscheinen, da ja im Fieberzustande sogar Zerfall von Tumoren relativ häufig beobachtet worden ist; der Verdauungszustand aber mag durch die Vermehrung von Verdauungsfermenten wirken.

Diesen Fehlerquellen ist durch die Nachprüfung von Prof. R. KRAUS noch eine hinzugefügt worden: Bei Gravidität im 10. Monat zeigt das Serum und ebenso das Nabelschnur-Blutserum keine lösenden Eigenschaften für Karzinomzellen.

Diese Fehlerquelle bezieht sich aber nur auf die Feststellung des Lösungsvermögens gegenüber Karzinomzellen; die Feststellung des Schutzvermögens für Karzinomzellen ist aber von dieser Fehlerquelle unabhängig und durch die Vornahme der „Schutzreaktion“ ist ein Karzinomserum auch vom Nabelschnurserum unterscheidbar. Auch in bezug auf fast alle sonstigen Nachprüfungen muß vor allem konstatiert werden, daß die schon in unserer ersten Mitteilung über Diagnose des Karzinoms hervorgehobenen Fehlerquellen nicht berücksichtigt wurden. Selbst bei einer Nachprüfung der letzten Zeit aus Berlin fehlen Angaben darüber, ob der Verdauungszustand ausgeschaltet war, und es fehlt vor allem der Hinweis, daß das Zellmaterial bei jedem Versuch durch ein Normal- und ein Karzinomserum auf Verwendbarkeit kontrolliert wurde, wie wir es verlangt haben. Um so höher darf es veranschlagt werden, wenn auch die ungünstigsten Nachprüfungen (KRAUS, GRAF und RANZI) 71%, RANZI und ADMIRAZIBI 75%, STAMMLER 80% richtige Diagnosen gefunden haben, während KERL und ARZT, die die Schutzreaktion in Form der später zu erwähnenden Trübungsreaktion berücksichtigten, auf 84% kamen und Ugo MELLO aus dem Pasteurinstitut die Trübungsreaktion direkt zur diagnostischen Anwendung empfahl.[1]

Jedenfalls haben alle Nachprüfer das Prinzipielle des Sachverhaltes bestätigt, und es ist bisher kein Krankheits- oder Symptomenkomplex gefunden worden, der ebenso häufig wie Karzinom mangelndes Lösungsvermögen, respektive Schutzvermögen für Karzinomzellen gezeigt hätte.

Aber auch uns ist es nicht möglich gewesen, bei den diagnostischen Prüfungen der ersten Jahre unter zirka 12 bis 15% Fehldiagnosen zu kommen.

Es mag dies vor allem dem Umstande zuzuschreiben sein, daß es sich um eine biologische Reaktion mit ihrer notwendigen Fehlerbreite handelt.

Außerdem war es uns selbst nicht immer möglich, nüchternes Blut zur Untersuchung zu erhalten oder immer mit einwandfreiem Material zu arbeiten.

Auf dieses mangelhafte Material ist es wohl zurückzuführen, wenn z. B. KRAUS angibt, normales Serum zerstört wohl stets die Zellen, aber das Karzinomserum zeigt öfters auch Zerstörungsvermögen, sei also nicht verläßlich, während MONAKOW resümiert: Karzinomsera lösen tatsächlich die Zellen nicht, aber Normalsera zeigen oft auch mangelndes Lösungsvermögen, also das gerade Gegenteil der Beobachtung von KRAUS. Es ist eben notwendig, das Zellmaterial mit Kontrollseris stets zu prüfen. Auf den Mangel dieser Kontrollprüfung ist auch zurückzuführen, daß FRANKENTHAL weder spezifische noch konstante Resultate erhielt.

Gerade diese Kontrolle des Zellmateriales hat sich insbesondere bei unseren seitherigen diagnostischen Prüfungen als notwendig herausgestellt, weil öfters ganz unerwartet schnell ein Material unverwendbar wird. Dieses Unverwendbarwerden bedeutet aber nicht nur Verlust der Lösbarkeit allein, sondern die Verkehrung in das entgegengesetzte Verhalten zu den Seris.

In den Vordergrund des Interesses wurde diese Erscheinung durch das Inslebentreten der ABDERHALDENschen Karzinomreaktion gerückt.

Bekanntlich hat ABDERHALDEN vermutet, daß Karzinomserum im Gegensatz zum normalen Serum Karzinomgewebe abbauen werde.

Tatsächlich hat die Vornahme der ABDERHALDENschen Reaktion

---

[1] Siehe auch: NATHER und ORATOR sowie PICCALUGA.

gezeigt, daß Karzinomserum einen positiven Ausfall der Reaktion zeigt, oder Karzinomgewebe spezifisch abzubauen imstande ist.

Diese Tatsache scheint auf den ersten Blick in schroffem Gegensatz zu den Tatsachen zu stehen, die die Grundlage der zytolytischen Reaktion bilden.

Bei ABDERHALDEN zerstört gerade das Karzinomserum das Karzinomgewebe, während bei der zytolytischen Reaktion die Zellen im Karzinomserum unberührt bleiben. Anderseits vermag das normale Serum bei der zytolytischen Reaktion die Karzinomzellen zu zerstören, bei der ABDERHALDENschen Reaktion läßt es aber die Karzinomgewebe ganz unverändert.

Dieser Widerspruch erscheint aber nur als scheinbarer, wenn man genau darauf achtet, was für ein Gewebsmaterial in den zwei Reaktionen verwendet wird.

ABDERHALDEN verwendet gekochtes und ungemein lang und oft gekochtes Material, während bei der zytolytischen Reaktion Material verwendet wird, das, wenn es auch nicht als überlebend bezeichnet werden kann, doch ungekocht ist.

Es lag daher nahe, das verschiedene Verhalten der Sera bei den erwähnten Reaktionen auf diesen Unterschied im Gewebsmateriale zu beziehen.

Aus diesem Grund haben wir zunächst nachgesehen, wie sich Seren zytolytisch gegenüber gekochten Karzinomzellen verhalten.

Es hat sich nun gezeigt, daß tatsächlich gekochten Zellen gegenüber sich die Seren ganz entgegengesetzt wie gegenüber ungekochten Zellen verhalten.

Normalsera lassen gekochte Karzinomzellen unverändert. Karzinom sera zerstören gekochte Karzinomzellen. Es ist dies ein Verhalten, das uns nicht einmal besonders überrascht hat, da wir von unserem bisherigen ungekochten Zellmateriale, wenn es alt geworden war, derartige Unregelmäßigkeiten gewohnt waren und sie eben auf das „Schlechtwerden" des Zellmateriales bezogen hatten.

Nach dieser Feststellung waren wir bemüht, nachzusehen, in welcher Beziehung die wirksamen Faktoren der zytolytischen Reaktion zu denen der ABDERHALDENschen Reaktion stünden. Es hat sich hiebei vor allem feststellen lassen, daß die Karzinomzellen, wenn man sie so gewinnt, wie wir dies für die zytolytische Reaktion tun, im gekochten Zustande das Substrat für die ABDERHALDENsche Reaktion darstellen.

Weiters hat sich herausgestellt, daß das bei der ABDERHALDENschen Reaktion wirksame Agens des Serums nur an das Nukleoglobulin[1]) des Karzinomserums gebunden erscheint, man kann das Karzinomserum mit Äther extrahieren, die Lipoide sind wirkungslos, man kann die ver-

---

[1]) Siehe Kap. 3.

schiedenen Eiweißfraktionen des Karzinomserums darstellen und die ABDERHALDENsche Reaktion versuchen, sie sind alle wirkungslos, mit Ausnahme jener kleinen Fraktion, die auch der Träger des Schutzes der ungekochten Karzinomzellen ist.

Die Wirksamkeit hängt nur am karzinomatösen Nukleoglobulin, normales Nukleoglobulin ist unwirksam.

Schließlich hat sich auch gezeigt, daß der Ätherextrakt vom Pferdeserum, sowie von normalem menschlichen Serum, allerdings aus zirka 25 cm^3 Serum dargestellt und nach Entfernung des Äthers zu Karzinomserum zugefügt, die ABDERHALDENsche Reaktion in 1 cm^3 Serum zu verhindern imstande ist.

Es zeigt sich also, daß nicht nur das Karzinomserum auf gekochte Zellen gerade entgegengesetzt wirkt wie auf ungekochte Zellen, sondern daß auch die spezifischen Substanzen der Seren auf gekochte Zellen umgekehrt wirken wie auf ungekochte Zellen, das native Karzinomzellen schützende Nukleoglobulin die denaturierten Karzinomzellen zerstört und positive ABDERHALDENsche Reaktion gibt und die ätherlösliche Substanz des normalen Serums, die native Karzinomzellen löst, die denaturierten Karzinomzellen nicht angreift, respektive negative ABDERHALDENsche Reaktion gibt. Es scheint uns wichtig, darauf zu verweisen, weil leicht ein Mißverständnis platzgreifen könnte.

Wir finden Schutzkörper im Karzinomserum für die nativen Karzinomzellen. ABDERHALDEN spricht von Schutzfermenten gegen die Karzinomzellen, Fermente, die zwar nach der Hypothese die lebenden Karzinomzellen verdauen sollen, in Wirklichkeit aber nur die gekochten Zellen verdauen.

Nach unseren Feststellungen scheint nun die Aufklärung dieses Verhältnisses dahin möglich, daß dieselben Substanzen, die die nativen Karzinomzellen vor Zerstörung im Leben schützen, also eher Aufbau-Fermente, dieselben, wenn sie gekocht sind, verdauen.

So auffallend auch dieses Ergebnis sein mag, es mangelt im Gebiete der Biochemie nicht an analogen Beobachtungen.

Wir möchten dabei nicht so sehr auf jene Erscheinungen reflektieren, die unter dem Namen der Reversibilität der Fermentwirkungen bekannt sind und die zeigen, daß die Fermente bei Änderung im Milieu des Substrates auch die entgegengesetzten Wirkungen erzeugen, sondern vielmehr auf Beobachtungen, die wir im Verlaufe von Studien über Trypsin- und Antitrypsinwirkungen im Serum gemacht haben, wenn dieselben auch noch nicht publiziert sind.

Bekanntlich ist natives Serum gegen Trypsinwirkung in hohem Grade geschützt, man bezieht diesen Schutz auf die Existenz eines Antitrypsins, das insbesonders an der Albuminfraktion des Serums hängt.

Läßt man zum Beispiel unter gleichen Verhältnissen auf Albumin, Pseudoglobulin- und Euglobulinfraktion Trypsin einwirken, dann zeigt die Albuminfraktion den stärksten Schutz gegen Verdauung, die Pseudo-globulinfraktion geringeren und die Euglobulinfraktion den geringsten Schutz; läßt man aber auf die gekochten Fraktionen das Trypsin wirken, dann erhält man das gerade entgegengesetzte Bild. Die Albuminfraktion zeigt die stärkste Verdauung, die Euglobulinfraktion die geringste. Diese Analogie scheint uns deshalb so bedeutungsvoll, weil es sich hiebei um Trypsinwirkungen auf Eiweißkörper handelt und bei der ABDERHALDEN-schen Reaktion es sich ebenfalls im wesentlichen auch um Verdauungs-vorgänge, allerdings spezifischer Art, handelt.

Die Trübungsreaktion.

Die vorliegenden Untersuchungen hatten somit zunächst das Er-gebnis, daß der Unterschied zwischen Normal- und Karzinomserum ein doppelter war: Der Mangel einer normalen Karzinomzellen lösenden Substanz und das Vorhandensein einer anormalen Karzinomzellen schützenden Substanz. In Bezug auf das Verständnis dieser Substanz-wirkung war die Wirkung der zellösenden Substanz begreiflich — für das Verständnis der Mechanik des Zellschutzes bestand ein vollkommenes Dunkel. Einen Einblick in die Natur dieser Wirkung hat uns die Er-wägung geschafft, daß, wenn das Normalserum dadurch wirkt, daß es die Zellsubstanzen löst, die entgegenwirkende Schutzsubstanz dadurch wirkt, daß sie mit der Substanz der Karzinomzelle unlösliche Verbindungen eingeht. Es gab dies Veranlassung, nachzusehen, ob nicht Serum von Karzinomatösen mit Substanzen der Karzinomzelle unlösliche Ver-bindungen geben. Bei Vermischung von Seren mit Kochsalz-Extrakten von Tumoren, wie nachfolgend eingehend beschrieben ist, ergab sich tatsächlich ein prägnanter Unterschied darin, daß das Karzinomserum mit diesen Lösungen Präzipitation ergab, während karzinomfreie Sera klar blieben. Die bei Karzinomseren entstandenen Trübungen waren durch Zusatz von Normalserum aufhellbar.

Methode.

Die möglichst wenig zerfallenen oder wenig verfetteten Teile vom Karzinom (Sektionsmaterial ist vorzuziehen) werden grob zerkleinert und nach und nach mit der zehnfachen Menge einer Lösung von $0{\cdot}6\%$ iger Kochsalzlösung mit 1% saurem phosphorsauren Natron durch ein grob-maschiges Tuch oder eine mehrfache Lage von Gaze unter leichtem Quetschen durchgepreßt. Die hiebei durch das Tuch tretende trübe Flüssigkeit enthält das ganze Zellmaterial.

Für die Erzeugung von Extrakten zum Zwecke charakteristischer Serumtrübungen ist die Zellemulsion, und zwar in möglichst frischem Zustand nach Zusatz von 5% iger Essigsäure in der Menge von zirka

5 *cm³* auf 100 *cm³* Flüssigkeit im Wasserbad zirka eine Viertelstunde auf 80⁰ C zu erhitzen, zu filtrieren und nach Abkühlen genau mit einer Lösung von kohlensaurem Natron zu neutralisieren (Lackmus), wieder im Wasserbad zu erhitzen und zu filtrieren. Kochen bei 100⁰, resp. über freiem Feuer ist zu vermeiden. Das klare Filtrat ist die zur Prüfung zu verwendende Flüssigkeit. Dieselbe ist bei jedem Versuche mit einem normalen Serum und mit einem sicher karzinomatösen Serum daraufhin zu prüfen, ob sie unverdünnt oder in einer 20 bis 50, ja 100fachen Verdünnung verwendbar ist, d. h. mit normalem Serum keinen Niederschlag, mit Serum karzinomatöser eine deutliche Trübung gibt, welche man zweckmäßig in gegen ein Fensterkreuz gehaltenen Eprouvetten erkennen kann. Trübungen, über die man im Zweifel sein kann, lassen das Präparat als unverwendbar erscheinen. Ist ein Extrakt verwendbar (die Verwendbarkeit ist vor jedem Versuch zu prüfen, da das Präparat labil ist und binnen ein bis zwei Tagen zugrunde gehen kann), dann gehen wir bei der diagnostischen Prüfung eines Serums folgendermaßen vor:

Durchführung der Reaktion.

Vom Blutserum, das nicht vor Ablauf mehrerer Stunden nach der Gewinnung des Blutes und nicht nach zwei Tagen nach derselben zur Prüfung gelangen soll, werden je 10 Tropfen in gleiche Eprouvetten oder besser in kleine Gefäße mit planparallelen Wänden gegeben und hierauf in die eine Eprouvette 2 *cm³* des Extraktes gefügt, in die andere 2 *cm³* einer entsprechenden Kontrollösung gegeben. Tritt in der Eprouvette, in der sich der Karzinomextrakt befindet, eine spezifische Trübung auf, während die Kontrolle klar bleibt, so ist die Reaktion als positiv anzusehen. Über die diagnostische Verwendung dieser „Trübungsreaktion" liegen Untersuchungen von ARZT und KERL vor, die bei nicht karzinomatösen Fällen 87·5% richtige, 12·5% unrichtige Diagnosen, bei Geschwulstfällen 83% richtige, 17% unrichtige Diagnosen fanden; außerdem von UGO MELLO, der in einer Arbeit von dem Pasteurinstitut 79% richtige Resultate erhielt und die Reaktion zur diagnostischen Anwendung empfohlen. Im Anschluß an diese Trübungsreaktion sei mitgeteilt, daß MAKENZIE unter Beziehung auf unsere Arbeiten eine Trübungsreaktion in der Form angegeben hat, daß er Äther-, resp. Fettsäureextrakt von Karzinom über Serum schichtet und so bei Karzinomseren Trübungen mit diesen Extrakten erhält[1]).

---

[1]) Wenn auch unsere Erfahrungen mit dieser Reaktion noch nicht abgeschlossen sind, so ist doch jetzt schon erkennbar, daß die Reaktion unter richtiger Kontrolle sehr gut verwendbare Resultate gibt.

3. Kapitel.

Chemische Untersuchungen.

In den vorher beschriebenen Reaktionen sehen wir Substanzen auftreten, die wenigstens in der Eprouvette schützend, resp. zerstörend auf die Karzinomzelle wirken, indem sie mit Teilen der Karzinomzelle entweder lösliche oder unlösliche Verbindungen eingehen, und zwar sind das Substanzen, die im menschlichen Organismus vorkommen und somit auch beim Wachstum des Karzinoms eine Rolle spielen könnten. Mit der Chemie dieser Substanzen wollen wir uns im folgenden beschäftigen.

Chemie der bei der zytolytischen Reaktion wirksamen Faktoren.

Zellzerstörende Substanz des Normalserums.

Die Substanz ist mit Äther extrahierbar. Der Ätherrückstand mit einer 1%igen $Na_2 CO_3$-Lösung ausgeschüttelt, zeigt nicht nur überhaupt zerstörende Wirkung auf Zellen, er repräsentiert, wie sich bei genügender Verdünnung zeigte, fast die ganze zerstörende Wirkung, die die entsprechende Serummenge hat, während das ausgeschüttelte Serum fast gar keine Wirkung auf die Zellen äußert.Die verwendete $Na_2 CO_3$-Lösung allein blieb ohne zerstörende Wirkung auf die Zellen. Die Substanz ist nicht dialysabel, durch kalten Alkohol fällbar, durch Erhitzen auf 55^0 zerstörbar. Sie ist durch Methylalkohol, Amylalkohol, Chloroform, Petroläther, Azeton und kalten Alkohol dem Serum nicht entziehbar. Aus Pferdeserum läßt sich eine Substanz mit analogen Eigenschaften herstellen. Aus Hunde- und Rinderserum läßt sich gleichfalls analog dem Menschenserum diese Substanz gewinnen. Kaninchenserum besitzt eine geringere Menge dieser Substanz, zirka vier Fünftel.

Aus je 5 l Pferdeserum durch Ausschütteln mit Äther und Schütteln dieses Ätherextraktes mit kohlensaurem Natron und mehrfacher Wiederholung dieses Vorganges isoliert und als Silber- und Barytsalz aus Alkohol rein dargestellt, ergab die N-freie Substanz ein Molekulargewicht von zirka 500, erwies sich als zweibasische, gesättigte Fettsäure; mit Rücksicht auf die während der langwierigen Reindarstellung konstatierte starke Labilität der Substanz, die sich in einem Absinken der Zerstörungsfähigkeit gegenüber Karzinomzellen zeigte, muß es weiteren Untersuchungen vorbehalten bleiben, zu entscheiden, ob nicht die native Substanz mit Rücksicht auf die mehrmals gefundene entsprechend hohe Hydroxylzahl als Oxysäure aufzufassen ist, die wegen der nach Art der Pseudosäuren erfolgenden langsamen Neutralisierung Laktonsäurecharakter hätte.

Es war chemisch interessant, in den uns bekannten Dikarbonsäurereihen nach Säuren zu suchen, die ähnliche Eigenschaften zeigen.

Wir haben daher zunächst die einzelnen Glieder der gesättigten Dikarbonsäurereihe in 0.1% igen, mit kohlensaurem Natron neutralisierten Lösungen auf ihre Zerstörungsfähigkeit gegenüber Karzinomzellen untersucht.

Tabelle der gesättigten Dikarbonsäuren.

Säure	Formel	Kette	
Oxalsäure	$\begin{matrix}COOH\\COOH\end{matrix}$		
Malonsäure	$\begin{matrix}COOH\\COOH\end{matrix}$	CH_2	
Bernsteinsäure	$\begin{matrix}COOH\\COOH\end{matrix}$	C_2H_4	wirksam
(Isobernsteinsäure	$\begin{matrix}COOH\\COOH\end{matrix}$	CH_3CH)	
Glutarsäure	$\begin{matrix}COOH\\COOH\end{matrix}$	C_3H_6	
Adipinsäure	$\begin{matrix}COOH\\COOH\end{matrix}$	C_4H_8	
Pimelinsäure	$\begin{matrix}COOH\\COOH\end{matrix}$	C_5H_{10}	
Korksäure	$\begin{matrix}COOH\\COOH\end{matrix}$	C_6H_{12}	wirksam
Azelainsäure	$\begin{matrix}COOH\\COOH\end{matrix}$	C_7H_{14}	
Sebazinsäure	$\begin{matrix}COOH\\COOH\end{matrix}$	C_8H_{16}	
Dekamethylen-dikarbonsäure	$\begin{matrix}COOH\\COOH\end{matrix}$	$C_{10}H_{20}$	wirksam

Wie aus vorstehender Tabelle ersichtlich, erwiesen sich Oxalsäure und Malonsäure als unwirksam, Bernsteinsäure als wirksam, dann Glutarsäure, Adipinsäure, Pimelinsäure unwirksam, erst die Korksäure wieder wirksam, worauf Azelain- und Sebazinsäure wieder unwirksam sich zeigten.

Dieses Resultat hat vor allem eine wertvolle Erkenntnis darin gegeben, daß im Rahmen einer Säurereihe sich sowohl Repräsentanten zellzerstörender, wie zell - nicht zerstörender Wirkung finden.

Der erste Griff hatte uns ein enges Feld abgegrenzt, innerhalb dessen die Lösung des chemischen Problems zu suchen war; wir brauchten nicht nach weiteren zellösenden Gruppierungen zu suchen, weil diese in den relativ einfachen wirksamen Verbindungen dieser Säurereihe vorhanden waren; wir brauchten aber auch nicht nach hindernden Gruppen zu suchen, weil diese ja in den kleinen Änderungen der nicht wirksamen Glieder dieser Säurereihe enthalten sein mußten.

Dennoch haben wir — um stets auf dem Boden der Tatsachen zu bleiben — Repräsentanten der verschiedensten Säurereihen in gleicher Weise auf Karzinomzellenlyse geprüft.

So haben wir von

einbasischen gesättigten Fettsäuren: Essigsäure, Buttersäure, Propionsäure, Palmitinsäure, Stearinsäure;

von einbasischen ungesättigten: Ölsäure, Leinölsäure;

von einbasischen (zweiwertigen): Milchsäure;

von zweibasischen ungesättigten: Mallein- und Fumarsäure, Zitrakon, Itakon- und Mesakonsäure;

von zweibasischen, dreiwertigen: Apfelsäure (Oxybernsteinsäure);

von zweibasischen, vierwertigen: Weinsäure;

von zweibasischen sechswertigen: Zuckersäure, Schleimsäure;

von dreibasischen: Zitronensäure;

von aromatischen Säuren: Benzoesäure, Salizylsäure, Mandelsäure, Phenylpropionsäure, Zimtsäure und schließlich

als aromatische Dikarbonsäure: Phtalsäure geprüft. Keine dieser Säuren zeigte Lösungsvermögen für Karzinomzellen.

Wir konnten daher um so berechtigter den Ursachen der verschiede= nen Wirkung der zweibasischen gesättigten Dikarbonsäuren nachgehen.

Diese Verschiedenheit erscheint vor allem in chemischer Hinsicht interessant, denn es ist vor allem auffallend, daß nur einzelne, so auseinander liegende Glieder einer homologen Reihe eine gleiche Wirkung zeigen, während wir sonst bei homologen Reihen an ein stufenweises Ansteigen oder Abfallen einer physiologischen Wirkung gewöhnt sind.

Man kann nun weder das Molekulargewicht noch die Dikarbonsäuregruppe mit diesem sprunghaften Verhalten in. Zusammenhang bringen; unterhalb, zwischen und oberhalb der beiden wirksamen Glieder sind homologe Glieder ohne Wirkung; weder Ansteigen noch Abfallen des Molekulargewichtes kann von Einfluß sein und die Dikarbonsäuregruppe ist allen in gleicher Weise gemeinsam.

Man wird so zur Annahme eines Einflusses der CH_2-Gruppe, resp. einer gewissen Zahl derselben gedrängt.

Nun kennt man zwar durch die Durchblutungsversuche von EMBDEN und FRIEDMANN einige Beobachtungen, die eine gewisse Analogie bilden.

Bei Leberdurchblutungen läßt sich aus den Fettsäuren mit 4, 6, 8, 10 und 12 C‑Atomen Azetessigsäure bilden, nicht aber aus Säuren mit 5, 7, 9, 11 C‑Atomen.

Weiters geben Säuren mit 4 C‑Atomen in gerader Linie und Verzweigung in β-Stellung leicht Azetessigsäure und Oxybuttersäure, während Säuren, die in gerader Linie nur 3 oder 5 C‑Atome haben, diese Säuren nicht bilden können.

Allein für CH_2-Gruppen liegt in dieser Beziehung kein Präzedens vor.

Dennoch muß man den Tatsachen Rechnung tragen.

2*

Dahin gehört vor allem die Feststellung, daß Isobernsteinsäure, die sich von der Bernsteinsäure doch nur dadurch unterscheidet, daß statt der 2 CH_2-Gruppen die Gruppen $CH_3 CH$ angenommen werden müssen, keine lösende Wirkung auf Karzinomzellen hat.

Einen weiteren Hinweis gibt das biologische Verhalten der Oxalsäure, die ja exzessiv giftig ist und deren Giftigkeit schon durch eine CH_2-Gruppe (Malonsäure) gemildert, durch 2 CH_2-Gruppen (Bernsteinsäure) ganz beseitigt wird; wird doch die Bernsteinsäure nicht nur in großen Dosen vertragen, sie ist auch ein normales Stoffwechselprodukt.

Es scheint uns demnach doch berechtigt, einen ähnlichen Einfluß der CH_2-Gruppe auch bei der karzinolytischen Wirkung anzunehmen.

Freilich bietet auch diese Annahme noch weitere Schwierigkeiten.

Ist die gerade Zahl der CH_2-Gruppen ausschlaggebend? In der Bernsteinsäure sind 2, in der Korksäure 6 CH_2-Gruppen. Warum sind dann 4 und 8 CH_2-Gruppen (Adipinsäure und Sebazinsäure) unwirksam?

Anders erscheint die Sachlage, wenn wir $(C_2 H_4)$ ale eine Gruppe auffassen, und diese Annahme ist schon deshalb nicht unberechtigt, weil ja bei der Elektrolyse, z. B. bernsteinsaurer Salze, direkt $C_2 H_4$ abgespalten wird.

Unter dieser Annahme wäre eine solche Gruppe in der Bernsteinsäure und drei in der Korksäure; es könnte sich also um die Anwesenheit von einer unpaaren Anzahl von $(C_2 H_4)$ Gruppen handeln.

Die Entscheidung in dieser Frage konnte nur dadurch getroffen werden, daß man in der homologen Reihe noch höher hinaufging und jene Säure untersuchte, die fünf solcher $(C_2 H_4)$ Gruppen in sich hat: die Dekamethylen-Dikarbonsäure.

Diese Säure, die erst im Jahre 1890 von KRAFFT synthethisch dargestellt wurde, war nun nicht nur im Handel nicht erhältlich, sondern es blieben auch alle Versuche, von ersten deutschen Firmen oder auch in Universitätslaboratorien die Substanz darstellen zu lassen, erfolglos. Die Schwierigkeiten lagen schon darin, daß das Ausgangsmaterial ungemein schwer und nur in geringer Menge beschaffbar war. Um so dankbarer sind wir Herrn Dr. chem. SCHMERDA, daß er in unserem Laboratorium eine, wenn auch kleine Menge der Säure dargestellt hat und wir die Säure in 0·1%iger mit kohlensaurem Natron neutralisierter Lösung auf Karzinomzellen einwirken lassen konnten.

Das Resultat war, daß auch diese Säure Karzinomzellen prompt zerstörte, so daß also die Annahme von der Wichtigkeit der unpaaren $(C_2 H_4)$-Gruppe eine neuerliche Stütze erhalten hat.

Das Interesse dieses chemischen Zusammenhanges hat nun noch eine Steigerung erfahren, als wir untersuchten, wie sich die Stärken des Zerstörungsvermögens der Säuren quantitativ zueinander verhalten.

Das Zellenzerstörungsvermögen stellt naturgemäß keine Reaktion dar, die eine absolute Zahlengröße ergibt; man kann nur das relative Verhältnis zwischen den zu prüfenden Substanzen gegenüber einer Zellenart feststellen. So hat sich gezeigt, daß Bernsteinsäure in einer Minimalkonzentration von zirka $0·05\%$, Korksäure in einer Minimalkonzentration von $0·01\%$, Dekamethylen-Dikarbonsäure in einer Minimalkonzentration von $0·005\%$ Karzinomzellen zerstörte.

Wenn nun auch die absolute Zerstörungsgröße bei verschiedenen Zellgattungen eine etwas wechselnde ist, so hat sich doch bei allen Prüfungen deutliche vier bis fünffache Steigerung des Zerstörungsvermögens von Bernsteinsäure zu Korksäure und von dieser zu Dekamethylen-Dikarbonsäure ergeben, so daß von einem Parallelismus der Wirkungszunahme und der Zahl der unpaaren $(C_2 H_4)$-Gruppen gesprochen werden kann.

Dieser eigenartige und durch sonstige Erfahrungen schwer aufklärbare Einfluß der $(C_2 H_4)$-Gruppe scheint wenigstens einigermaßen aufhellbar, wenn man diese Tatsachen in Vergleich bringt mit Feststellungen, die wir schon vor Jahren bezüglich der Karzinom-Darmsäure konstatiert haben.

Gelegentlich von Untersuchungen über die Karzinomsäure, die sich im Gegensatz zur Normalsäure als eine ungesättigte Fettsäureverbindung erwies, haben wir das Schutzvermögen sterisch verschiedener Fettsäuren gegenüber Karzinomzellen untersucht.

Wir haben gefunden, daß von isomeren Säuren, die also dieselbe elementare Zusammensetzung haben und deren trotzdem verschiedenes Verhalten nur auf verschiedenen inneren Aufbau bezogen werden kann, nur jene Säuren den Karzinomzellen Schutz verleihen, bei denen zwei COOH-Gruppen in naher Stellung zueinander und zu einem C-Atom angenommen werden müssen.

So schützt die Malleinsäure, während die isomere Fumarsäure nicht schützt, ebenso die Methylmalonsäure und die Dimethylmalonsäure, während die isomere Glutarsäure und Brenzweinsäure nicht schützen.

Dies ließe ein Verständnis dafür anbahnen, daß $(C_2 H_4)$-Gruppen, die zwischen diese COOH-Gruppen eintreten, diese gefährliche Wirkung so ähnlich beseitigen, wie der Eintritt solcher Gruppen die Giftigkeit der Oxalsäure beseitigt, indem er sie in die ungiftige Bernsteinsäure überführt.

Die bisherige Annahme von der relativen chemischen Gleichgültigkeit dieser Gruppe darf uns dabei nicht hindern.

Wie sehr in dieser Beziehung chemische Anschauung und physiologisches Verhalten auseinandergehen, zeigt ja gerade das Beispiel der Oxalsäure, die dem Chemiker als die leichtest oxydable Säure bekannt ist, im Organismus aber gar nicht oxydabel ist und wo wiederum der Eintritt

der CH_2-Gruppen eine im Organismus leicht oxydable Säure (Bernsteinsäure) erzeugt.

Diese chemischen Einblicke entbehren aber nicht eines medizinischen
Hintergrundes.

Vor allem scheint dies uns in der Erkenntnis zu liegen, daß relativ
so geringfügige chemische Änderungen so weitgehende Änderungen in
bezug auf die Zellzerstörung zur Folge haben.

Es läßt dies vermuten, daß auch die Entstehung der aktiv wirksamen Substanzen des Organismus so zustande kommen kann, daß eine
kleine Änderung bei der Substanzassimilierung statt der normalen Fettsäure anormale, ungesättigte Fettsäureverbindungen schafft, die zu
pathologischen Eiweiß- und Kohlehydratbindungen Anlaß geben und
dadurch dann zu Wachstumanomalien führen können.

Weiters scheint es medizinisch wichtig, daß zum ersten Male Substanzen, die wederÄtzmittel noch allgemeineZellgifte sind, als —wenigstens
in der Eprouvette — karzinolytisch wirksam befunden sind, und nicht
nur Glieder des normalen Stoffwechsels sind, sondern sogar jener
Säurereihe angehören, der die normale Schutzsäure gegenüber Karzinomzellen angehört.

Ätherunlösliche zellschützende Substanz des Karzinomserums.

Die Schutzwirkung des Karzinomserums für die Karzinomzellen
hängt an der Euglobulinfraktion[1]). Zwecks weiterer Isolierung wurde die
Euglobulinfraktion des Karzinomserums dialysiert. Die hiebei erhaltene
Mischung gelöster und ungelöster Bestandteile wurde filtriert und der
auf dem Filter gebliebene Rückstand zunächst mit 0.6% Kochsalzlösung
und dann mit 0.1% Lösung von kohlensaurem Natron in Lösung gebracht.

Die Lösungen wurden auf einen Gehalt von 0.6% NaCl gebracht
und dann alle drei Lösungen auf ihre Schutzwirkung gegenüber Karzinomzellen geprüft, indem gleichzeitig Kontrollversuche mit den entsprechenden
Salzlösungen angestellt wurden. Das Ergebnis dieses Versuches war, daß
nur die in kohlensaurem Natron in Lösung gegangenen Bestandteile
Schutzwirkung für Karzinomzellen aufwiesen. Es handelt sich also um
jene Substanz, die sich durch Phosphorsäurereichtum auszeichnet und
den Namen Nukleoglobulin führt. Naturgemäß haben wir daraufhin
auch von Normalseris die Globulinfraktion diesbezüglich untersucht,
konnten aber keine zellschützende Wirkung in denselben nachweisen.

Es war somit festgestellt, daß die Schutzwirkung gegenüber
Karzinomzellen an eine Fraktion des Euglobulins gebunden ist, die aller-

---

[1]) Nukleoglobulin aus Punktionsflüssigkeiten von Karzinomatösen
zeigen analoge Eigenschaften.

dings auch in normalem Serum vorkommt, ohne aber Schutzwirkung gegenüber Zellen zu zeigen. Es war daher unser begreifliches Interesse, zunächst einmal in einigen Reaktionen Unterschiede der Euglobulinfraktionen verschiedener Sera aufzusuchen. Für diese Untersuchungen kam uns zur Hilfe, daß wir auch aus Punktionsflüssigkeiten die verschiedenen Fraktionen darstellen konnten, die ebenfalls entgegengesetztes Verhalten, je nach dem sie von karzinomatösen oder nichtkarzinomatösen Individuen stammten, gegenüber Karzinomzellen zeigten und wir so über genügende Mengen von Euglobulinen verfügten.

Als einfachstes Aufklärungsmittel diesbezüglich erschien uns die Anstellung der verschiedenen Farbenreaktionen der Eiweißkörper, die ja auch Reaktionen verschiedener Atomgruppen sind, und die Schätzung deren relativen Stärke gegeneinander.

Die durch Dialyse erhaltenen unlöslichen Euglobuline wurden zunächst mit NaCl-Lösung gewaschen, solange das Filtrat noch Eiweißreaktion zeigte, und der am Filter verbleibende Rückstand mit 0.1% Na_2CO_3 in Lösung gebracht. Von der erhaltenen Lösung wurde zunächst der Stickstoffgehalt ermittelt, dann die Lösungen auf Volumen von gleichem Stickstoffgehalt gebracht; von dieser Lösung wurde Trockengehalt, Xanthoproteinsäure-, Biuret-, Millon-, Molisch- und Adamkiewicz-Reaktion untersucht.

Vergleichstabelle

der Nukleo-Euglobuline aus normalem und Karzinom-Euglobin.

Reaktion	Normal-Euglobulin $0.2\ g$ N (%)	Karzinom Euglobulin $0.2\ g$ N (%)
Xanthoprotein	orangegelb	orangegelb
Millon	lichtrot	dunkelrot
Adamkiewicz	schwach rosa	rot
Liebermann	schwach violett	stark violett
Biuret	violett	violett
Molisch	gelb	rot

Als besonders auffallender Unterschied zeigt sich somit ein Gehalt des Karzinom-Euglobulins an Kohlehydrat.

Zwecks Eruierung weiterer Unterschiede zwischen normalem und karzinomatösem Euglobulin wurden von beiden Lösungen Alkohol- und Ätherextrakte gemacht. Während die Alkoholextrakte keinen Unterschied aufwiesen, zeigte der Ätherextrakt des karzinomatösen Euglobulins einen deutlich vermehrten Gehalt an einer ätherlöslichen, ungesättigten Fettsäure. (Bezüglich des Charakters dieser Säure s. S. 61.)

Beziehungen zwischen zellösender und zellschützender Substanz.

Es war naheliegend, nach diesen Feststellungen die gegenseitigen Beziehungen der zellösenden und zellschützenden Substanzen zu studieren.

Zur Feststellung der Beziehungen der zellzerstörenden und -schützenden Substanz haben wir einen Versuch unternommen, bei dem ätherlösliche Substanz mit dem zellschützenden Euglobulin vermischt und diese Mischung auf zellzerstörende Wirkung geprüft wurde. Die ätherlösliche Substanz aus 100 cm^3 Pferdeserum wurde in 10 cm^3 0·1%iger Lösung von kohlensaurem Natron möglichst fein emulgiert, 12 Tropfen davon mit 8 Tropfen eines Karzinomserums gemengt und damit der übliche Zellversuch aufgestellt.

Dabei hat sich gezeigt, daß das Zellzerstörungsvermögen erloschen war, während gleichzeitig angestellte Kontrollversuche die Wirksamkeit der einzelnen Faktoren ergaben. Ein Versuch in gleicher Weise mit in Na_2CO_3 löslichem Euglobulin ergab, daß auch das Euglobulin in demselben Verhältnis imstande ist, die zellzerstörende Kraft der ätherlöslichen Substanz aufzuheben. Es besteht demnach im karzinomatösen Serum ein Zerstörungsvermögen für freie, ätherlösliche Substanz des normalen Serums und ihrer Wirksamkeit, die an das Nukleoglobulin der Euglobulinfraktion gebunden ist.

Eine Vervollständigung dieses Befundes zeigte sich in der Tatsache, daß aus normalem Serum gewonnene ätherlösliche Substanz, auch mehrmals hintereinander karzinomatösem Serum zugesetzt, größtenteils verschwand.

Das karzinomatöse Serum besitzt also die Eigenschaft, die ätherlösliche Substanz funktionell ihrer Wirksamkeit zu berauben. Diese Erkenntnis hat unseren Untersuchungen eine neue Richtung gegeben. Wenn unsere ersten Untersuchungen in der zellzerstörenden Wirksamkeit der ätherlöslichen Substanz des normalen Serums die wichtigsten Eigenschaften ahnen ließen, so zeigten die eben angeführten Untersuchungen, daß eine nicht geringe Menge dieser wichtigen Substanz von dem Nukleoglobulin des karzinomatösen Serums zerstört werden könne. Dadurch war gerade diese Substanz in den Vordergrund des Interesses gerückt.

Und so haben sich hauptsächlich die nachfolgenden Versuche mit dieser Substanz beschäftigt. Und dies um so mehr, als weitere Versuche auch nachwiesen, daß es genügt, die übliche Menge Karzinomzellen mit acht Tropfen Karzinomserum eine Stunde bei 40⁰ zu belassen und dann das Karzinomserum nach Zentrifugierung der Zellen zu entfernen, um diese Karzinomzellen gegen die Zerstörung durch neu hinzugesetzte zwölf Tropfen Normalserum zu schützen.

Man darf also schließen, daß aus dem Karzinomserum eine Substanz an die Karzinomzellen tritt, die dieselben gegen die Zerstörung durch normales Serum schützt. Wie schon erwähnt, lag es nahe, anzunehmen, daß hiebei im Gegensatz zur Lösung der Randpartien eine unlösliche Verbindung mit der Zellwand entstehe.

Zur Feststellung dieser Annahme haben wir nun Versuche angestellt, ob Extrakte von Tumoren mit Karzinomserum unlösliche Niederschläge geben. Tatsächlich hat sich gezeigt, daß eine Reihe von Preßsäften von Karzinomen mit 0.6% NaCl bei so starker Verdünnung, daß die Flüssigkeiten nur leichte Opaleszenz zeigten, bei ihrer Zufügung zu Karzinomserum Trübung ergab, während bei Zufügung zu Normalserum keine Trübung zu erkennen war.

Zur Klarstellung der bei dieser Reaktion in Aktion tretenden Faktoren haben wir die einzelnen wirksamen Substanzen zu isolieren versucht.

Darstellung der für die Trübungsreaktion wirksamen Substanzen des Karzinomserums.

Nachdem festgestellt war, daß die wirksame Substanz des Serums nicht dialysabel sei und in der Albuminfraktion nicht auffindbar, haben wir die zwei Fraktionen der Globuline untersucht und gefunden, daß nur die Euglobulinfraktion die trübende Eigenschaft besaß.

Bei der weiteren Isolierung sind wir so vorgegangen, daß die bei der Dialyse restierende Euglobulinfraktion zunächst filtriert wurde; da im Filtrat die trübende Wirkung nicht zu konstatieren war, haben wir aus der unlöslichen Substanz Extrakte gemacht.

Die unlösliche Substanz wurde mit 0.6%iger NaCl-Lösung ausgezogen. Auch dieser Extrakt zeigt, wenn er klar filtrierte, bei Vermischung mit Karzinomextrakten die spezifische Trübung nur in äußersten Spuren. In Fällen, wo klares Filtrat nicht zu erzielen war, war es nötig, vorher Kohlensäure einzuleiten. Erst ein Auszug des am Filter verbliebenen unlöslichen Anteiles der Euglobulinfraktion mit 0.1% Na_2CO_3 zeigte sehr deutliche Präzipitation mit Karzinomextrakt.

Die präzipitierende Wirkung ist demnach ebenfalls an jenen Körper gebunden, der den Namen Nukleoglobulin führt. Daß es sich hierbei nicht um das normale Nucleoglobulin handeln kann, geht daraus hervor, daß Nucleoglobulin, auf dieselbe Weise aus normalem Serum dargestellt, keine Trübung im Karzinomextrakt ergab.

Die durch Dialyse erhaltenen unlöslichen Euglobuline werden zunächst mit NaCl-Lösung gewaschen, solange das Filtrat noch Eiweißreaktion zeigt, und der am Filter verbleibende Rückstand mit 0.1% Na_2CO_3 in Lösung gebracht. Von der erhaltenen Lösung würde zunächst der Stickstoffgehalt ermittelt, dann die Lösungen auf Volumen von

gleichem Stickstoffgehalt gebracht; von dieser Lösung wurde Trockengehalt, Xanthoproteinsäure-, Biuret-, Millon-, Molisch- und Adamkiewicz-Reaktion untersucht. Auch in den verschiedenen Farbenreaktionen der Eiweißkörper, die als Reaktionen verschiedener Atomgruppen zur Schätzung der relativen Stärke gegeneinander herangezogen
werden können, zeigten sich Unterschiede, und zwar dieselben wie beim
„schützenden" Nucleoglobulin.

Darstellung der wirksamen Substanz des Karzinomextraktes.

Die Versuche zur reinen Darstellung des Karzinomextraktes wurden
dadurch begünstigt, daß die Wirksamkeit in den Filtraten auch nach
kurzem Aufkochen mit Essigsäure zu erhalten war.

Zwecks weiterer Isolierung haben wir den Extrakt mit dem mehrfachen Volumen Alkohol gefällt, diese Fällung mehrmals wiederholt. Es
hat sich gezeigt, daß die sehr geringe Fällung, die dabei entstand, die
wirksame Substanz größtenteils enthielt.

In solcher Weise äußerst konzentrierte und mehrfach umgefällte
Lösungen haben wir schließlich der chemischen Untersuchung unterzogen und dabei hat es sich vor allem gezeigt, daß die wirksame Substanz
nicht nur frei von Eiweißkörpern, sondern auch frei von Stickstoff ist,
Weiters hat sich gezeigt, daß die gereinigte Substanz auffallend reich
an einem Kohlehydrat sei, das nicht dialysabel ist, so daß wir ein
kolloidales Kohlehydrat als einen wesentlichen Bestandteil der wirksamen
Substanz ansehen mußten.

Den restlichen Anteil der Substanz haben wir in folgender Weise
eruieren können: Es hat sich gezeigt, daß Ausschütteln mit Äther die
spezifische Wirksamkeit des Karzinomextraktes zerstört, so daß weder
die ausgeschüttelte wässerige Lösung, noch der Rückstand des Ätherextraktes für sich allein Trübung im Karzinomserum erzeugte.

Die Wiedervereinigung des Ätherrückstandes aber mit der ausgeschüttelten wässerigen Lösung, in der das Kohlehydrat verblieben
war, stellte die serumtrübende Eigenschaft wieder her.

Es war also klar, daß im Äther der Paarling des Kohlehydrates
zu suchen sei.

Wir haben nun den Rückstand einer solchen Ätherausschüttelung
zu einem kolloiden Kohlehydrat gegeben (wir benützten 0·1%ige Glykogen-
oder Dextrinlösungen) und haben zu unserer Freude konstatieren können,
daß damit den Kohlehydratlösungen die serumtrübende Eigenschaft verliehen werde.

Wir haben dann durch weitere Versuche aus dem Ätherextrakt
eine stickstofffreie Säure isolieren können, deren Verbindung mit Kohlehydrat wir als die wirksame Substanz des Karzinomextraktes ansehen
müssen.

Wir haben mit solchen — gewissermaßen — synthetischen Extrakten uns bei einer großen Zahl von Seris überzeugt, daß sie ebenso wie die direkten Karzinomextrakte zur Erzeugung spezifischer Trübungen verwendbar sind.

Chemische Untersuchung des spezifischen Niederschlages.

Für die chemische Untersuchung war es uns von großem Vorteil, daß bei Sarkomen sich ähnliche Verhältnisse fanden, d. h. daß Sarkomserum mit Sarkomextrakt (analog dem Karzinomextrakt dargestellt) spezifische Trübungen ergeben. Die wirksame Substanz des Sarkomserums ist an die Pseudoglobulinfraktion gebunden.

Durch die Gegenüberstellung des spezifischen Karzinom- und Sarkomniederschlages bot sich die Möglichkeit, charakteristische chemische Eigenschaften zu erkennen.

Man konnte diese Unterschiede in kleinen Mengen an Serumniederschlägen und späterhin in größeren Mengen an Niederschlägen aus serösen Flüssigkeiten konstatieren.

Zu diesem Zwecke wurden aus zwei Flüssigkeiten, die nach den groben physikalischen und chemischen Verhältnissen ziemlich gleichartig waren, die spezifischen Niederschläge dadurch hergestellt, indem zu je 100 cm^3 Punktionsflüssigkeit die entsprechenden Mengen Extraktsubstanz so lange hinzugefügt wurden, als eine Zunahme des Niederschlages zu bemerken war. Die entstandenen Niederschläge wurden absetzen gelassen, durch Zentrifugieren und Waschen mit 0·6 % NaCl gereinigt und schließlich in $^1/_{10}$-Normallauge gelöst und auf ein bestimmtes Volumen gebracht und nach Feststellung des Stickstoffgehaltes (Kjeldahl) durch Verdünnung der N-reicheren Lösung auf gleichen Stickstoffgehalt gebracht.

Von diesen Lösungen wurden in wenigen Tropfen Xanthoprotein-, Biuret-, Pepsinverdauungs-, Molisch-, Schwefel-, Phosphor- und Zuckerreaktion untersucht, deren Resultate in nebenstehender Tabelle verzeichnet sind.

Untersuchung des Sarkom- und Karzinomextraktniederschlages.

Reaktion	Karzinom	Sarkom
N-Gehalt	0·05 g N (%)	0·05 g N (%)
Xanthoprotein	schwach positiv	stark positiv
Biuret	schwach positiv	stark positiv
Schwefel (Bleizucker in KOH) . . .	positiv	negativ
Phosphor	positiv	negativ
Salzsäurepepsin	Niederschlag	{ Opaleszenz wie vorher }
Molisch	stark positiv	negativ
Zucker (Fehling)	positiv	negativ

Es haben sich bei diesem ersten Versuche spezifische Unterschiede in der Kohlehydrat- und Biuretgruppe ergeben derart, daß die Karzinomniederschläge an biuretgebenden Substanzen arm und an Kohlehydraten reich waren, während die Sarkomniederschläge im Gegensatz zu den Karzinomniederschlägen arm an Kohlehydraten und reich an biuretgebenden Substanzen waren.

Es lag nahe, anzunehmen, daß diese Unterschiede darauf zu beziehen seien, daß die verwendeten Tumorenextrakte und serösen Flüssigkeiten einen verschiedenen Gehalt an Molisch- und Biuretreaktion gebenden Substanzen hätten. Nun zeigte allerdings die Punktionsflüssigkeit des verwendeten Karzinoms eine deutlichere Molisch-Reaktion als die sarkomatöse und der Karzinomextrakt zeigte im Gegensatz zum Sarkomextrakt auch eine deutliche Molisch-Reaktion. Immerhin bleibt auffallend, daß der Sarkomniederschlag keine Molisch-Reaktion zeigte. Wenn man die Punktionsflüssigkeit mit dem Gehalt von $0 \cdot 1 \%$ Pepton und $0 \cdot 1 \%$ Zucker anreichert und in der beschriebenen Weise durch Karzinom respektive Sarkomextrakt Niederschläge erzeugt, so lassen sich in den Niederschlägen weitaus markantere Unterschiede nachweisen, wie sie in nachstehender Tabelle ersichtlich sind.

Untersuchung des Karzinom- und Sarkomextraktniederschlages nach Zufügung von Pepton und Zucker.

Reaktion	Sarkom	Karzinom
N-Gehalt	$0 \cdot 05 \%$ $(g\,\mathrm{N})$	$0 \cdot 05 \%$ $(g\,\mathrm{N})$
Xanthoprotein	stark positiv	schwach positiv
Biuret	stark positiv	Spuren
Liebermann	schwach violett	farblos
Adamkiewicz	deutlich rosa	fast farblos
Molisch	Spuren	stark positiv
Zucker (Fehling)	negativ	deutlich reduzierend
Schwefel (Bleizucker mit Kalilauge)	farblos	zitronengelb
Salzsäure-Pepsin	klar	deutliche Trübung

Obwohl nun bei diesem Versuch — mit Rücksicht auf die zugesetzten großen Mengen Zucker und Peptonlösung — der Gehalt an Zucker und Pepton als gleich angesehen werden kann, zeigen Kohlehydrat und Biuretreaktion des entstandenen Niederschlages einen markanten Unterschied, der mit Rücksicht auf die Stärke der Reaktionen darauf bezogen werden muß, daß von den zugefügten Zucker-Peptonlösungen nennenswerte Anteile in die Niederschläge eingetreten waren, was einem spezifischen Selektionsvermögen der Tumoren entspricht. Für dieses Bindungsvermögen sprach

noch die Tatsache, daß sowohl Zucker wie Pepton, die doch wasser-
löslich sind, in eine wasserunlösliche Verbindung übergeführt waren.
So interessant diese Resultate sind, so mußten wir uns doch vorhalten,
daß wir mit zwei Punktionsflüssigkeiten gearbeitet hatten, die, so ähnlich
sie auch waren, doch viele chemische uns unbekannte Unterschiede aufweisen konnten. Es war uns wünschenswert, die Niederschläge an einem
Substrat zu erzeugen, das sich nur durch die spezifischen Anteile des
Sarkoms und Karzinoms unterscheiden würde. Diese Forderung glaubten
wir dadurch erfüllen zu können, daß wir solche spezifische Niederschlags-
bildungern derart erzeugten, daß wir zu je 50 cm^3 eines normalen Serums
einerseits Karzinom-Euglobulin, anderseits Sarkom-Pseudoglobulin im
gleichen Stickstoffgehalte zufügten und dann mit entsprechenden Extrakt-
flüssigkeiten versetzten. Die nun[1]) entstandenen Niederschläge wurden
isoliert untersucht und ergeben die in nachstehender Tabelle verzeichneten
Resultate.

Reaktion	Karzinom	Sarkom
Xanthoprotein	von gleicher deutlich orangegelber Farbe	
Biuret	S p u r e n	s t a r k p o s i t i v
Liebermann	farblos	deutlich
Adamkiewicz	fast farblos	deutlich rosa
Molisch	stark positiv	Spuren
Zucker (Fehling)	deutl. r e d u z i e r e n d	n e g a t i v
Schwefel (Bleizucker in KOH)	zitronengelb	farblos
Salzsäure-Pepsin	deutliche Trübung	Spuren

Es ergaben sich also auch in diesem Versuche, bei dem sich die
Serummengen nur durch ihren Gehalt an spezifischen Euglobulin und
Pseudoglobulin unterscheiden, dieselben markanten Unterschiede wie
in den früheren Versuchen. Es zeigt sich somit, daß die spezifischen
Niederschläge in bezug auf Kohlehydratsubstanzen und Biuretreaktion
gebende Substanzen ein entgegengesetztes Verhalten zeigen, derart, daß
der spezifische Karzinomniederschlag besonders reich an Kohlehydraten,
der spezifische Sarkomniederschlag besonders reich an biuretgebenden
Gruppen ist. Berücksichtigt man, daß im Versuch 2 die Punktionsflüssigkeiten einen gleichen Gehalt an biuretgebenden Substanzen und
Zucker enthielten, so ergibt sich, daß in diesen Niederschlägen sich ein
spezifisches Selektionsvermögen zeigt.

Nach diesen Versuchen lag es nahe nachzusehen, ob auch die

---

[1]) Durch den Reichtum an pathologischer Substanz kam das Lösungsvermögen des normalen Serums nicht zur Geltung.

spezifischen Euglobuline resp. Pseudoglobuline ein elektives Verhalten gegenüber Nährstoffen haben.

Die beiden Fraktionen wurden aus Punktionsflüssigkeiten einerseits eines Karzinom-, anderseits eines Sarkomfalles dargestellt. Je 30 cm^3 der Fraktionen, entsprechend der ursprünglichen Konzentration der Punktionsflüssigkeiten, werden mit je 30 cm^3 einer 0·1%igen Zucker-Peptonlösung versetzt, zwei Stunden bei 40⁰ belassen und durch sechs Tage gegen strömendes Wasser dialysiert.

Niederschläge mit unlöslichem Euglobulin.

Reaktion	Karzinom	Sarkom
N-Gehalt	0·05 % (g N)	0·05 % (g N)
Xanthoprotein	gering	deutlich
Biuret	fast ⊘	Spuren
Molisch	deutlich positiv	negativ
Fehling	positiv	negativ

Niederschläge mit Pseudoglobulin.

Reaktion	Karzinom	Sarkom
N-Gehalt	0·05 % (g N)	0·05 % (g N)
Xanthoprotein	Spuren	stark positiv
Biuret	⊘	stark positiv
Molisch	Spuren	⊘
Zucker	⊘	⊘

Naturgemäß ergab sich bei der Dialyse ein löslicher und unlöslicher Anteil. Der lösliche sowie unlösliche Anteil wurden untersucht; nur die letzteren geben Differenzen.

Es zeigt sich somit, daß auch die Serum-Eiweißfraktionen bei Sarkom und Karzinom, deren Spezifität bisher nur aus ihren Beziehungen zur Niederschlagsbildung zu erkennen war, eine Spezifität derart zeigen, daß sie bestimmten Nährsubstanzen gegenüber ein charakteristisches Selektionsvermögen zeigen.

Dieses spezifische Selektionsvermögen scheint deshalb bemerkenswert, weil es stattfindet zwischen Karzinomzellen-Extraktsubstanz und Serumbestandteilen und darauf schließen läßt, daß solche Selektionen auch im Organismus vor sich gehen könnten.

Dies war für uns Veranlassung, in einer Reihe von Versuchen nachzusehen, inwiefern sich ein spezifisches Selektionsvermögen für einzelne

Nährsubstanzen bei den isolierten Zellen des Karzinoms resp. Sarkoms nachweisen läßt. Der Versuchsplan ging dahin, zu isolierten Zellen Nährlösungen zuzusetzen, nach längerem Einwirken die Zellen auszuschleudern und nachzusehen, ob einerseits eine Abnahme in einer Substanz der überstehenden Flüssigkeit, anderseits eine Zunahme der zugesetzten Substanz in den Zellen stattgefunden habe. Ein solcher Nachweis schien aber von vornherein dadurch erschwert, daß, wie man erwarten mußte, nicht nur die zugesetzten Nährsubstanzen in die Zellen aufgenommen, sondern auch von dem Zellinhalte Anteile (Kohlehydrate und Eiweißkörper) an die überstehende Flüssigkeit abgegeben werden konnten. Weiter mußte man darüber klar sein, daß eine geringe Aufnahme der Nährstoffe von den Zellen als nichts Auffallendes erscheinen müsse.

Zwei Umstände sind nun unseren Versuchen in günstiger Weise entgegengekommen. Es hat sich vor allem gezeigt, daß unsere isolierten Zellen so weit zu waschen waren, daß in der überstehenden Flüssigkeit weder Kohlehydrate noch Eiweißkörper deutlich nachzuweisen waren. Zweitens war uns durch gleichzeitige Untersuchung an Sarkom und Karzinom die Möglichkeit gegeben, zu erkennen, ob Unterschiede in der spezifischen Anziehung bestehen. Bei den nun folgenden Versuchen sind wir so vorgegangen, daß wir zu zirka 2 cm^3 unserer Zellaufschwemmungen nach Zentrifugieren und Abgießen der überstehenden kohlehydrat- und biuretfreien Flüssigkeit 1 cm^3 einer Lösung zusetzten, die 0·6 % NaCl, 0·1 % Witte-Pepton, 0·1 % Traubenzucker, 0·1 % Lezithin und 0·1 % Nuklein enthält. Nach gutem Durchschütteln verbleiben diese Mischungen eine Stunde im Brutschrank bei 37⁰, dann wurden sie zentrifugiert, zweimal mit 0·6 % NaCl gewaschen, dann die erstabgegossenen Flüssigkeiten und die gewaschenen Zellen auf die obigen Substanzen untersucht. Beim Nachweis gingen wir folgendermaßen vor:

Für den Nachweis von Zucker und Biuretkörpern benützten wir 2 bis 3 Tropfen einer Fehlingschen Kupferlösung, die wir zu 10 Tropfen der mit 1 Tropfen $^1/_{10}$-Lauge alkalisch gemachten Versuchsflüssigkeit setzten. Für den Nachweis der Gesamtkohlehydrate wurde die Molisch-Reaktion gemacht. Für den Nachweis von Lezithin begnügten wir uns mit dem Zusatz von Osmiumsäure, die uns als Reagens genügen konnte, da ja jede andere ungesättigte Fettsäure in diesen Mengen ausgeschlossen war. Nuklein wurde durch die Trübung bei Salzsäure-Pepsin-Verdauung und nachfolgendem Phosphornachweis in der Trübung nachgewiesen.

Der Untersuchung des Zellmaterials ging eine Lösung der Zellen in $^1/_{10}$-Lauge voraus. Es ergab sich, daß, obwohl unter möglichst gleichen Umständen gearbeitet wurde, die überstehende Flüssigkeit wie die Zellen wesentliche Unterschiede aufwiesen.

Die mit den Karzinomzellen vermischt gewesene Flüssigkeit zeigte deutliche Abnahme in der Zucker-, Kohlehydrat-, Lezithin- und Nuklein-reaktion, die mit Sarkomzellen vereinigt gewesene Flüssigkeit dagegen eine Abnahme in Pepton- und Nukleinreaktion. Diese Abnahme ist aber nicht als Zerstörung der Substanzen, sondern als Folge der Resorption durch die Zellen aufzufassen, weil, wie die Untersuchung der Zellen zeigt, die Substanzgruppen, die in den Flüssigkeiten vermindert waren, in den entsprechenden Zellen vermehrt waren.

Die Versuche haben also ergeben, daß Karzinom- und Sarkom-zellen ein unterschiedliches Selektionsvermögen in bezug auf Kohlehydrate und Biuretkörper zeigen.

Eine solche Tatsache gibt aber eine neue Grundlage dafür ab, daß das Wachstum der Tumorzellen, indem es spezifische Nähr-stoffe in spezifisch eigenartiger Form bindet, auch von der Zufuhr respektive dem Mangel solcher Substanzen abhängt.

Diese spezifische Anziehung von Kohlehydraten erscheint besonders interessant, wenn man die Beziehungen der Kohlehydrate zum Karzinom in Betracht zieht. Schon im Jahre 1885 hat der eine von uns auf den bei Karzinomen erhöhten Gehalt des Blutes an Kohlehydrat, insbesondere Zucker, aufmerksam gemacht, ohne daß der Harn Zucker in patho-logischer Menge enthielt. Die nachstehende Tabelle zeigt die quantitativen Unterschiede gegenüber der Norm, die von TRINKLER an 120 Fällen bestätigt wurden.

Der quantitative Vergleich des Zuckergehaltes des normalen Blutes von Karzinomkranken ergab folgende Werte:

Blut	normal	Karzinom		Sarkom
	Prozent			
Zuckergehalt durch direkte Re-duktion	0·11	0·17	0·26	0·09
Zuckergehalt durch Reduktion nach Invertierung	0·12	0·25	0·33	0·12

Auch die Untersuchung der chemischen Zusammensetzung von Karzinomen ergab außer der Konstatierung einer für Lackmus sauren[1]) Reaktion des Gewebssaftes die aus nachfolgender Tabelle ersichtliche Vermehrung von Kohlehydraten.

---

[1]) FULCI hat im Jahre 1910, als er die saure Reaktion der Karzinome wiedergefunden hatte und dieselbe als Milchsäure erkannte, dieselbe auf die Zerstörung der Kohlehydrate des Tumors bezogen.

Die Tabelle zeigt die Gewichtsangaben, bezogen auf Feuchtgewicht der Organe:

	Leber		Mamma		Muskel		Lymphdrüsen	
	normal	karzin.	normal	karzin.	norm.	karz.	sarkom.	karz.
	Prozent							
Albumen	10—12	5—6	14—15	5—7	1·34	0·2	6·5—8·4	7
Kohle- hydrate .	0·03—0·1	2·4—3·5	0·07—0·1	1·2—1·5	0·16	0·6	0—0·8	1·5
Fett	3—3·5	3	—	—	1·76	0·8	3·3—3·5	3
Pepton..	—	—	—	—	Spu- ren	—	1·2—2·0	Spu- ren

Die Karzinome und Sarkome sind demnach nicht so zusammengesetzt wie deren Muttergewebe.

Es zeigt sich gegenüber dem Muttergewebe im Karzinom ein Minus an Eiweißkörpern von zirka 50% und ein Plus an Kohlehydraten derart, daß dieselben bis auf das 20 bis 30 fache des normalen Gehaltes ansteigen. Im Sarkom zeigt sich ein ebensolches Minus an Eiweißkörpern und bei einem etwa normalen Gehalt an Kohlehydraten ein Gehalt an Pepton bis nahezu 30% des Albumingehaltes des Sarkoms.

Zu diesen Beziehungen gehört auch die Beobachtung von Boas, daß die Kohlehydrat-Toleranz von Diabetikern steige, wenn sie ein Karzinom akquirieren, sowie daß der Zuckergehalt des Diabetesharnes mit dem Auftreten eines Karzinoms falle, nach Exstirpation wieder steige.

Es haben sich aber auch eine Reihe von Beobachtungen feststellen lassen, die darauf schließen lassen, daß bei Karzinom den Kohlehydraten nicht nur eine spezifische Bedeutung zukomme, sondern eine spezifische Verwendung zur Erzeugung höherer Substanzkomplexe, das ist zu Aufbau zwecken.

Mit diesen Annahmen stimmt überein, daß von E. v. Neis, van Althum und Beebe sowie Joannovics und einer Reihe anderer Autoren auf den wachstumfördernden Einfluß der Kohlehydrate bei Impftumoren hingewiesen wurde.

So haben insbesondere Tadenuma, Kenyi und Hota angegeben, daß das Blut eines Flügels mit Hühnersarkom weniger Zucker enthielt als der korrespondierende normale Flügel, und zugeführtes Glykogen das Wachstum des Tumors unterstützt.

Fassen wir nach diesen Hinweisen unsere eigenen Resultate zusammen, so ergibt sich:

1. Die Eigenschaft des normalen Serums, Karzinomzellen zu zerstören, haftet an einer in Äther löslichen stickstofffreien Fettsäure.

2. Die Eigenschaft des karzinomatösen Serums, die Karzinomzellen vor der Zerstörung durch normales Serum zu schützen, ist ebenso wie die Eigenschaft, mit Kochsalzextrakten des Karzinoms spezifische Trübungen zu geben, an den in kohlensaurem Natron löslichen Anteil des Euglobulins (Nukleoglobulin) gebunden, der sich durch einen Reichtum an einer Kohlehydratverbindung vom normalen Nukleoglobulin unterscheidet.

3. Die Eigenschaft der Karzinomextrakte, mit Karzinomserum spezifische Trübungen zu geben, wird durch eine stickstofffreie Kohlehydratverbindung hervorgerufen.

4. Die spezifischen Niederschläge von Karzinomextrakt respektive Sarkomextrakt mit den betreffenden Seris unterscheiden sich dadurch, daß die ersteren reich an Kohlehydrat, die letzteren dagegen reich an biuretgebenden Substanzen sind. Bei der Niederschlagsbildung ziehen die spezifischen Niederschläge zugesetzten Zucker resp. Pepton in spezifischer Weise an, und zwar die Karzinomniederschläge Zucker, die Sarkomniederschläge Pepton.

5. Ein analog differentes Selektionsvermögen zeigen die Tumorzellen. Karzinomzellen binden besonders Zucker, Lezithin, Nuklein. Sarkomzellen binden besonders Pepton und Nuklein.

Diese Chemischen Untersuchungen haben klar gezeigt, daß zwischen der Karzinomzelle und dem Serum unlösliche Verbindungen entstehen, eine Tatsache, die um so interessanter erscheinen mußte, als die Verbindung im Gegensatz zum Lösungsvorgang, der ein Abbauvorgang ist, einen Aufbau zwischen Zellsubstanzen und dem Serum darstellt. Gerade diese Vorgänge sind es, die vom Standpunkt der Genese des Karzinoms Interesse haben.

Einen weiteren Einblick in diese Verhältnisse haben Versuche mit Serum und kolloidem Kohlehydrat gebracht.

Wenn man zu 2 cm^3 einer 0·1 %igen Glykogen- oder Dextrinlösung zehn Tropfen Serum gibt, dann zeigt sich ein markanter Unterschied zwischen Normalserum und Karzinomserum. Das Normalserum wird trüber, das Karzinomserum wird klarer. Lediglich also das Zufügen der im Karzinomextrakt gefundenen Säure zu Kohlehydrat kehrt die Wirkung desselben auf Sera total um.

Gibt man Kohlehydratlösung allein zum Serum, dann wird das Normalserum trüber, gibt man die Kohlehydratsäureverbindung zu, dann wird das Karzinomserum trüber, das heißt, es entsteht die spezifische Karzinomtrübung.

Die Erklärung dieses verschiedenen Verhaltens der Sera erschien uns dadurch angebahnt, daß die Opaleszenz des zugesetzten Glykogens im Karzinomserum verschwunden war, das Glykogen also umgewandelt worden sein mußte. Es hat sich nun gezeigt, daß die Karzinomserum-Glykogenmischung schon im Laufe einer Viertelstunde bei 40⁰ Zuckerreduktion zeigte, während die Normalserum-Glykogenmischung keine Zuckerreduktion zeigte; die Veränderung des Glykogens bleibt nicht bei der Verzuckerung stehen, nach einer halben Stunde, bei 40⁰, zeigt sich die Molischreaktion in der Karzinomserum-Glykogenmischung bedeutend schwächer als in der Kontrolle. Es besteht demnach im karzinomatösen Serum, im Gegensatz zum normalen Serum, nicht nur das Trübungsvermögen für Karzinomsäure-Glykogen (spezifische Trübung), sondern auch ein Verzuckerungs-, resp. Zerstörungsvermögen für gewöhnliches Glykogen (Kohlehydrat)[1]).

Abgesehen davon, daß durch diesen Befund ein neuerlicher Unterschied zwischen Normalserum und Karzinomserum gegeben ist, scheint uns dieser Befund besonders dadurch bemerkenswert, daß er ein chemisches Analogon der Wachstumserscheinungen darstellt, die wir am karzinomatösen Menschen beobachten.

Beim Karzinom sehen wir das Zugrundegehen des normalen Gewebes gegenüber dem Wachstum des anormalen.

---

[1]) Dieses Zerstörungsvermögen des karzinomatösen Organismus für Kohlehydrate ist in neuerer Zeit mehrfach Gegenstand von Untersuchungen gewesen. So hat RUSSEL im Jahre 1922 gezeigt, daß Tumoren-Emulsionen, die in 0·2 %iger Zuckerlösung getränkt waren, erhöhten respiratorischen Quotienten und erhöhte Oxydationsgeschwindigkeit für Traubenzucker zeigen.

WARBURG hat in ausgedehnten Untersuchungen nachgewiesen, daß Karzinom-Emulsionen Zuckerlösungen in etwa siebzigmal größerem Maße zu Milchsäure zersetzen als sonstige Gewebsemulsionen, mit Ausnahme der Retina und hat dieses erhöhte Zerstörungsvermögen für eine wesentliche Eigenschaft der Karzinomzelle angesehen.

Was von uns schon im Jahre 1912 nachgewiesen wurde, braucht nur berücksichtigt zu werden, um den Zwiespalt aufzuklären, der zwischen den Kohlehydrat-Abbaubeobachtungen und Karzinom-Wachstumsförderungen bei Kohlehydratzufuhr besteht.

Es ist von vornherein klar, daß der von mehreren Autoren beobachtete Abbau der Kohlehydrate sich nur auf jenen Teil der Karzinomerscheinung beziehen kann, der sich teils in der Kachexie des Gesamtorganismus, teils in steter Zerfallsneigung der entwickelten Tumoren äußert.

Dabei wird man eine Vergiftungswirkung gerade der Milchsäure nicht hoch einschätzen können, da die Produktion derselben in Leber und Muskel und nach WARBURG auch in der normalen Netzhaut ohne solche Nebenwirkung sich vollzieht.

Aber weder in der Kachexie noch in der Vergiftungswirkung erschöpft sich der Karzinomprozeß. Zu seiner Erscheinung gehört untrennbar auch der — allerdings systemlose — Aufbau eines spezifischen Gewebes und daher ist weder mit Erklärung für den Aufbau allein, noch für den Abbau allein das Problem des Karzinoms gelöst; denn es ist der Aufbau eines anormalen nebst dem Abbau des normalen Gewebes zu erklären.

3*

Und hier sehen wir, daß ein sehr wichtiger Zellbaustein jugendlicher Zellen, z. B. das Glykogen, vom karzinomatösen Serum rasch zerstört wird, während es anderseits in Berührung mit einem Zellbestandteil des Karzinoms vor der Zerstörung bewahrt wird.

Das Kohlehydratmolekül, das im normalen Organismus zur Bildung jugendlicher, resp. wachsender Zellen verwendet wird, das wird an karzinomatösen Stellen nicht leicht zu dieser Zellbildung verwendet werden können, weil es ja der Zerstörung unterliegt; die Gewebe, die darauf angewiesen sind, werden sich nicht gut ergänzen können; dort aber, wo eine Karzinomzelle ist, dort wird das Kohlehydratmolekül, da es in der Verbindung mit der Säure Sicherung vor der Zerstörung findet, insbesondere durch das Unlöslichwerden mit Serumbestandteilen (spezifische Trübung) geeignet sein zur Apposition der Karzinomzellen.

Das Nährmaterial geht also nicht nur der normalen Zelle verloren, sondern es dient der pathologischen Zelle noch zum Wachstum. Dieser Befund ist uns Veranlassung geworden, neuerlich der Frage der Nährstoffselektion durch die Tumoren näherzutreten.

Wir sind nun einen Schritt weiter gegangen und haben nachgesehen, welche spezifische Beziehungen zwischen den Zellen von Karzinom und Sarkom und wichtigen Nährstoffen bestehen.

Erst als wir durch die Gegenüberstellung von menschlichsn Sarkom- und Karzinomzellen imstande waren, auch kolorimetrische Reaktionsdifferenzen zu benützen, haben wir positive Resultate erhalten.

Wie früher erwähnt, zeigt sich, daß, wenn wir zu gewaschenen Karzinom- und Sarkomzellen etwa das halbe Volumen 0·6 %iger Kochsalzlösung gaben, die 0·1 % von Pepton, Zucker, Lezithin und Nuklein enthielt, dann bei 40⁰ schon im Laufe einer Stunde die Karzinomzellen nur Zucker, Lezithin und Nuklein, die Sarkomzellen dagegen Pepton und Nuklein relativ reichlich absorbierten.

So auffallend diese Befunde auch an und für sich sind, so erhalten sie doch erst besonderes Gewicht durch den Vergleich, resp. die Kontrolle mit normalem Gewebe.

Wir haben die vorerwähnte Lösung ebenfalls auf Stücke der verschiedensten normalen Gewebe (Haut, Muskel, Lunge, Leber, Niere) einwirken lassen und wenn sich auch bei diesen Versuchen gezeigt hat, daß die verschiedenen Organe sich nicht gleichmäßig gegenüber den verschiedenen Nährsubstanzen verhalten, sondern direkt ein organspezifisches Verhalten zeigen, so hat sich doch hiebei kein auch nur annähernd qualitativ und quantitativ vergleichbares einseitiges Selektionsvermögen gezeigt. Auch die Prüfung von Myomgewebe unter ganz denselben Verhältnissen wie beim Karzinomgewebe hat weder in bezug auf Pepton noch auf Zucker auch nur im entferntesten vergleichbare

Adsorption ergeben. Insbesondere haben Muskelfaszien sowie Omentum, die wir als Repräsentanten der normalen Gewebe dem Sarkom und Karzinom gegenüberstellten, bei gleicher Methodik keine nachweisbare Absorption von Nährstoffen gezeigt.

Es besteht demnach in bezug auf wichtige Nährstoffe bei Karzinom- und Sarkomzellen ein nicht nur ganz entgegengesetztes, sondern besonders durch seine Einseitigkeit von der Norm abweichendes Selektionsvermögen. Es zeigt sich, daß der Einseitigkeit, resp. dem Atypischen des Tumorenwachstums auch Einseitigkeit, resp. Atypie des Nährstoffmateriales entspricht, und dies scheint uns wieder ein Hinweis dafür, nachzusehen, inwiefern das Wachstum der Tumoren von dem Reichtum oder Mangel an solchen Substanzen abhängig sei. Bei diesen Vorgängen handelt es sich, wie erwähnt, um chemische Aktionen, die zur Schaffung komplexer Verbindungen zu Aufbauvorgängen führen, die sich zwischen dem Serum und der Karzinomzelle abspielen und genau lokalisiert werden können sowohl in bezug auf die spezifischen Bestandteile des Serums wie der Zelle. Sie schaffen eine greifbare Grundlage für Wachstumsvorgänge, die um so interessanter sind, da sie nicht nur Grundlagen für ein allgemeines Wachstum liefern, sondern für ein ganz spezifisches Wachstum, da nicht wahllos vielseitige Nährsubstanzen angezogen werden, sondern nur ganz einseitig bestimmte Nährsubstanzen ausgewählt werden, und zwar verschieden von der Karzinomzelle als auch von der Sarkomzelle, so daß wir endlich in diesen Ergebnissen eine Analogie sehen zu glauben dürfen zu der Erscheinung des einseitigen Wachstums der bösartigen Geschwülste, die das Wesen dieser darstellt. Kritisch möchten wir noch einer anderen Auffassung Raum geben. Man könnte, von der Infektionstheorie ausgehend, sagen, der Infektionskeim ändert die Zelle und diese wirkt ändernd auf das Euglobulin und dadurch ist der Status hervorgerufen, der zum falschen Aufbau führt. So drängt sich die Frage auf, ob nicht doch etwa die gefundenen Erscheinungen Folgeerscheinungen des Karzinoms wären. Diesem Einwand ist nun vor allem entgegenzuhalten, was wir schon eingangs gegen die verschiedenen Theorien gesagt haben, wobei sich die Notwendigkeit einer Disposition ergeben hat. Außer diesen theoretischen Einwänden gibt es noch eine Reihe praktischer Erfahrungen, die unsere Auffassung stützen. Überblickt man das Gebiet der Erfahrungen über die Karzinomrezidiven, so ergeben sich zwei Typen von auffallenden Erscheinungen, die zur Annahme einer, ja sogar einer zweifachen Disposition nötigen. Der eine Typus betrifft Fälle, wo trotz Radikaloperationen nach einigen Jahren erst ein Rezidiv eintritt, wodurch man zur Annahme genötigt wird, daß im Organismus noch etwas vorhanden war, das das Entstehen des Karzinoms bedingte — also die Annahme einer allgemeinen Disposition — nachdem die lokal erkrankte Stelle weggenommen worden war und ein zurückgebliebener Keim schon viel früher zur Geltung hätte kommen müssen. Der andere Typus betrifft Fälle, die nach Radikaloperation vollkommen geheilt blieben, ohne daß man sagen könnte, sie seien so anfänglich gewesen oder so begrenzt, daß eine Allgemeininfektion nicht sehr begreiflich gewesen wäre. Durch die Entfernung der lokal erkrankten Stelle konnte die lokale Disposition beseitigt werden. Diese Erfahrungen drängen zu der Annahme, daß es sowohl eine allgemeine Disposition gibt, als auch durch chronische Reizzustände prädisponierte Stellen, die zur Bildung eines Karzinoms Gelegenheit bieten. So war es begreiflich, daß wir uns zunächst bemühten, die Bedeutung dieser prädisponierten Stellen des Organismus in bezug auf die in Frage stehenden Faktoren zu erforschen. Und gerade so, wie uns diesen Gegensatz in den Seris durch Vornahme der zytolytischen Reaktion experimentell ersichtlich zu machen möglich war, so erschien es uns wünschenswert, auch das Verhalten der in Frage kommenden Gewebstellen auf dem Wege der zytolytischen Reaktion zu prüfen.

4. Kapitel.

Verhältnis der zytolytischen Faktoren zu den für Karzinom prädisponierten Stellen.
(Lokale Disposition.)

Aus der Klinik des Karzinoms ist es seit langem bekannt, daß es sowohl bestimmte Erkrankungen des menschlichen Organismus gibt, sowie schädigende Reize, die wohl nicht in allen Fällen, aber doch oft zu Karzinomen führen. Aus der Reihe der ersteren Krankheiten sind hier als Repräsentanten das Ulcus ventriculi und das Ulcus cruris zu nennen, aus der Reihe der letzteren: Schädigungen der Haut durch Teer, Tabak, Paraffin und durch toxische Röntgenbestrahlung.

Untersuchung der Prädilektionsstellen (Ulcus cruris, Ulcus ventriculi etc.)

Um dem Problem näher zu kommen haben wir zunächst versucht, jene für das Karzinomserum resp. Normalserum charakteristischen Substanzen auch in Organextrakten nachzuweisen. Der Vorgang dabei war folgender: Von normalem Gewebe, das grob von Blut gereinigt war und dann zerrieben, werden Extrakte mit physiologischer Kochsalzlösung gemacht und diese auf Karzinomzellen einwirken gelassen.

Es zeigt sich dabei, daß normale Organe von nicht karzinomatösen Erwachsenen (Leichenorgane) die Karzinomzellen stark zerstören, während normale Zellen ohne wesentliche Schädigung der gleichen Einwirkung ausgesetzt werden können.

Den vollsten Gegensatz hiezu zeigt jenes Gewebe, in dem beim Karzinomatösen das primäre Karzinom sitzt. Die Extrakte solcher Organe zerstören nicht nur die Zelle nicht, sondern sie können mit wenigen Ausnahmen dieselbe sogar gegen die Zerstörung durch normales Serum oder Extrakt normaler Gewebe schützen, resp. sie paralysieren die Wirkung zugesetzter Karzinomzellen zerstörender, ätherlöslicher Säure des Normalserums.

Die weiteren Untersuchungen haben zunächst ergeben, daß die hiebei wirksamen Substanzen in derselben Weise isoliert werden können, wie die analogen des Blutserums.

Die zellzerstörende Wirkung der normalen Gewebe läßt sich durch Extraktion mit Äther den Geweben entziehen und ebenso wie im Serum als Säure isolieren.

Die karzinomzellschützende Wirkung des karzinomatösen Muttergewebes findet sich in der Euglobulinfraktion, analog wie im Serum.

So erfreulich dieses Resultat dafür war, daß erstens die Methodik gestattet, das Verhalten der Gewebe gegenüber der Karzinomzelle zu beobachten, und so interessant es war, daß so direkt entgegengesetzte Verhältnisse in den Geweben existieren, so ließ sich doch aus dem Befunde als solchem nichts darüber aussagen, ob diese Änderung des karzinomatösen Muttergewebes gegenüber der Norm als Disposition für das Karzinom oder als Folgezustand desselben aufzufassen sei. Eine Aufklärung ergab sich erst bei Untersuchung von Prädilektionsstellen im nicht karzinomatösen Organismus.

Die erste diesbezügliche Untersuchung betraf ein altes weitgreifendes Ulcus cruris einer an Hämorrhagie verstorbenen Person, wobei die Untersuchung ergab, daß der Extrakt des das Ulcus cruris bildenden Gewebes total die Fähigkeit des normalen Gewebes, Karzinomzellen zu zerstören, verloren hatte.

Der Extrakt dieses Stückchens Gewebe eines nicht Karzinomatösen verhielt sich also in bezug auf Zerstörung von Karzinomzellen genau so, wie das Muttergewebe eines Karzinoms.

Dennoch bestand ein Unterschied im Verhalten beider Gewebe, denn während der Extrakt des karzinomatösen Muttergewebes die Karzinomzellen auch gegen zugesetztes Normalserum schützt, war dies mit dem Extrakt des Ulcus cruris nicht der Fall.

Das Ulcus cruris hat also nur sein Zerstörungsvermögen für Karzinomzellen verloren, während das Muttergewebe des Karzinoms die Karzinomzellen sogar gegen die Zerstörung durch normales Serum schützt. Dem Ulcus cruris fehlt eben nur die Karzinomzellen zerstörende ätherlösliche Fettsäure, während das Muttergewebe des Karzinoms nebst diesem Mangel noch pathologisches Nukleoglobulin besitzt, das die Karzinomzellen zerstörende Säure paralysiert.

Diese Erfahrung wurde dadurch erweitert, daß wir nicht nur den zentralen Teil des Ulkus, Geschwürsgrund samt Rändern, sondern auch die peripher liegenden entzündeten Hautpartien und die noch gesunde Haut der Nachbarschaft in gleicher Weise untersuchten. Es hat sich dabei ergeben, daß, während die makroskopisch gesunden Nachbaranteile der Haut ganz normales Lösungsvermögen zeigten, der Verlust an zellzerstörender Substanz erst in den entzündeten Hautpartien begann, um in der Geschwürsfläche (samt Rändern) am stärksten zu werden.

Es haben sich gleiche Verhältnisse wie bei Ulcus cruris auch bei Ulcus ventriculi, sowie an der Schleimhaut exzessiver chronischer Uteruskatarrhe erweisen lassen. Anderseits hat sich aber gezeigt, daß nicht vielleicht jede Erkrankung des normalen Gewebes den Verlust der Karzinomzellen zerstörenden Fettsäure nach sich zieht.

So behalten chronisch-, sowie akut tuberkulös erkrankte, weiters eitrig entzündete Gewebe ihre normale Eigenschaft, ja entzündete Gewebe zeigen selbst im karzinomatösen Organismus normales Zerstörungsvermögen für Karzinomzellen. Besonders sei hervorgehoben, daß ein etwa nußgroßer Schleimhautpolyp des Uterus, der aber nicht entzündlich verändert war, normales Verhalten zeigte.

Aus diesem gegensätzlichen Verhalten von Geweben des nicht karzinomatösen Organismus glaubten wir schließen zu dürfen, daß Prädilektionsstellen nur insoferne das Karzinom begünstigen, als durch die bekannten chronisch entzündlichen Vorgänge die ätherlösliche Karzinomzellen zerstörende Fettsäure zu stark verbraucht wird.

Eine Ergänzung dieser Befunde ergab uns die Untersuchung der nicht primär ergriffenen Organe des karzinomatösen Organismus.

Die Resultate waren hier allerdings nicht so gleichartig, wie in den bisher erwähnten Fällen.

In einem Teile der Fälle zeigten diese Organe Zerstörungsvermögen. So in einem Falle von Ulcus cruris, das den Beginn der Karzinombildung zeigte; es fand sich im Gegensatz zu den Verhältnissen an der Geschwürsfläche in der noch gesunden Haut der Umgebung deutliches Zerstörungsvermögen für Karzinomzellen.

In einem Falle von beginnendem Portiokarzinom, in dem der restierende Portioteil jedes Lösungsvermögen für Karzinomzellen eingebüßt hatte, zeigte der Uterus, der bei der Radikaloperation mitentfernt worden war, normales Lösungsvermögen.

Dementsprechend zeigte in einem Falle von primärem Corpus uteri-Karzinom das Vaginalgewebe normales Lösungsvermögen und in einem Falle von weit ausgebreitetem Hautkarzinom zeigten im Gegensatz zur

Haut alle anderen epithelialen Gewebe, insbesondere die Leber, Lösungsvermögen.

Anderseits fand sich in einer Reihe von Karzinomfällen bei allen Geweben epithelialer Natur Mangel der Karzinomzellen zerstörenden Substanz.

Die Aufklärung dieses verschiedenen Verhaltens scheint uns darin gelegen zu sein, daß die ersterwähnten Fälle beginnende Erkrankungen, die letzteren aber langjährige Erkrankungen betrafen, wo Kachexie und Metastasierung eingetreten war, so daß man wohl annehmen darf, daß die ätherlösliche zellzerstörende Säure erst im Verlaufe der Erkrankung nach und nach den Geweben entzogen wird.

Aber selbst in diesen Fällen war in der Muskulatur deutliches Zerstörungsvermögen für Karzinomzellen nachzuweisen, so daß man wohl daraus schließen darf, daß in bezug auf das Verschwinden der Karzinomzellen zerstörenden Säure ein Unterschied zwischen epithelialen und nicht epithelialen Geweben besteht, der wieder in Einklang mit dem verschiedenen Metastasierungsvermögen für diese Gewebe stünde. Auf dem Boden dieser tatsächlichen Befunde scheint uns somit folgende Auffassung berechtigt:

Die Gewebe des normalen Menschen sind wie das normale Blut durch das Vorhandensein einer ätherlöslichen Fettsäure befähigt, die Karzinomzelle zu zerstören.

Bei manchen Stellen (Prädilektionsstellen) erlischt bei chronischer Reizung diese Fähigkeit durch zu starken Verbrauch der zellzerstörenden Fettsäure. Das bedeutet zwar ein Punctum minimae resistentiae für den Organismus, kann aber kein Karzinom herbeiführen, weil jene Substanz fehlt, die die wichtigste für das Karzinom ist, das pathologische Nukleoglobulin, das ein zweites disponierendes Moment (allgemeine Disposition) darstellt.

Es bedeutet nur, daß an einer Stelle der natürliche Schutz der normalen Zelle weggefallen ist und bei Vorhandensein eines zweiten Fehlers, des Vorhandenseins von pathologischem Nukleoglobulin, dieses wohl als Nahrungsersatz gerade an dieser Stelle leicht deponiert werden kann.

Anderseits muß aber das Vorhandensein von pathologischem Nukleoglobulin auch kein Karzinom nach sich ziehen, wenn, respektive solange, als nicht eine solche Stelle existiert, die gegen das Eindringen des pathologischen Nukleoglobulins nicht geschützt ist. Erst nachdem dann die Zelle entstanden ist, mag es nach und nach auch zum Verschwinden der ätherlöslichen Säure in den anderen Organen kommen und damit zur Möglichkeit der Metastasen in andere Organe.

Diese Vorstellungen wurden durch Untersuchungen über chemische Wirkungen von Röntgen- und Radiumbestrahlung auf Karzinom wesentlich gestützt.

Versuche bei Röntgen- und Radiumbestrahlung.

Bekanntlich hat sich insbesondere bei Personen, die mit Röntgenarbeiten längere Zeit beschäftigt waren, auffallend häufig Karzinomentwicklung an den Händen gezeigt, so daß die Ansicht nicht abzuweisen ist, daß ebenso wie Paraffin-, Teer-, Tabak- auch Röntgenschädigungen eine lokale Disposition für Karzinom erzeugen können. Aus diesem Grunde haben wir uns entschlossen, Haut- und andere Organstückchen von frischen Leichen der Bestrahlung durch Röntgen- respektive Radiumstrahlen auszusetzen und nachzusehen, inwiefern die Karzinomzellen zerstörenden und schützenden Faktoren hiedurch beeinflußt werden.

Die Organstückchen wurden in der Größe von zirka 10 cm^3 in einer Entfernung von 5 cm bei 4 H bis zur Gesamtleistung von 16 H bei Zimmertemperatur bestrahlt.

Zur Radiumbestrahlung wurden zwei Träger (der eine mit 38, der andere mit 51 mg Radiumsalz) benützt, die unmittelbar neben den Objekten durch sechs bis zwölf Stunden belassen wurden.

Nach der Bestrahlung wurden die Organstückchen mit Seesand in zirka 15 cm^3 0·85%iger Kochsalzlösung zerrieben und die entstandene Emulsion nach Zentrifugieren der unlöslichen Bestandteile auf ihr Lösungsvermögen gegenüber Karzinomzellen geprüft und mit einer Kontrolle verglichen, die mit Ausnahme der Bestrahlung den gleichen Verhältnissen unterworfen war.

Es hat sich zeigen lassen, daß durch die allerdings toxische Röntgenbestrahlung das normale Zerstörungsvermögen der normalen Haut für Karzinomzellen verloren geht, während es im Kontrollstück erhalten bleibt, und es hat sich weiters gezeigt, daß diese Wirkungslosigkeit auf dem Mangel der ätherlöslichen Säure beruht, die durch die Bestrahlung verschwunden war. Es sei sofort bemerkt, daß eine Röntgenbestrahlung in jener Art, wie sie therapeutisch verwendet wird, kein Verschwinden dieser ätherlöslichen Säure mit sich brachte, also die schädliche Wirkung unserer toxischen Bestrahlung keinen Schluß auf die therapeutische Wirkung kleiner Dosen gestattet. Ja es hat schon das Vorlagern einer Wasserschichte vor die Röntgenlampe genügt, den toxischen Effekt der Bestrahlung stark herabzusetzen. Dennoch beansprucht die Wirkung der toxischen Röntgenbestrahlung mehr Beachtung, als die einer allgemeinen Zerstörungsaktion der Röntgenstrahlen. Denn erstens waren die Hautstückchen nach Bestrahlung äußerlich ganz unverändert, dann aber hat nicht nur Finsenbeleuchtung, sondern auch die Radiumbestrahlung in analog toxischer Weise keineswegs dieselbe Wirkung gezeigt. Radiumbestrahlung durch fast 24 Stunden hat das Zerstörungsvermögen für Karzinomzellen nicht im mindesten geschwächt, hat die ätherlösliche Fettsäure unverändert gelassen.

Der Gegensatz, der sich auch bei mehrfachen Wiederholungen dieser Versuche zwischen Röntgen- und Radiumstrahlen gezeigt hat, hat sich noch viel eklatanter gezeigt, als wir Stückchen von Organen, in denen sich Karzinome entwickelt hatten, zur Bestrahlung brachten.

Während nun nach Röntgenbestrahlung der Extrakt eines solchen Gewebsstückchens bezüglich des Zerstörungsvermögens für Karzinomzellen keine Änderung ergab, zeigt ein Extrakt eines gleichen Stückchens nach Radiumbestrahlung deutlich konstatierbares Zerstörungsvermögen für Karzinomzellen. Es ist also in dem Gewebe, das kein Zerstörungsvermögen besessen hatte, ein Zerstörungsvermögen erzeugt worden. Weitere Untersuchungen haben gezeigt, daß auch eine mit Äther extrahierbare Säure entstanden war, die Zerstörungsvermögen für Karzinomzellen besaß.

Bei diesen auffallenden Einwirkungen der Röntgen- und Radiumstrahlen war es ein begreifliches Interesse, die Strahlungen auch auf die Sera, deren Zellzerstörungs- und Schutzfaktoren einfachere und besser gekannte Verhältnisse boten, einwirken zu lassen.

Es hat sich dabei gezeigt, daß normales Serum durch Röntgenbestrahlung seine karzinolytische Eigenschaft, resp. die ätherlösliche Säure einbüßt und daß karzinomatöses Serum durch Radiumbestrahlung ein Zerstörungsvermögen, resp. eine ätherlösliche, zellzerstörende Säure gewinnt.

Setzt man rein dargestelltes Nukleoglobulin, sowohl aus normalem als auch aus karzinomatösem Serum der Radiumwirkung aus, so zeigt sich, daß, während aus Normalnukleoglobulin keine ätherlösliche zellzerstörende Säure abzuspalten war, aus dem Karzinomnukleoglobulin — das als native Substanz die Karzinomzellen schützt — eine in Äther lösliche, die Karzinomzellen zerstörende Substanz entsteht.

Es beruht also die Radiumwirkung darauf, daß sie eine ätherlösliche Säure aus dem pathologischen Nukleoglobulin abspaltet. Nach diesen Feststellungen haben wir noch den Einfluß der Bestrahlungen auf Karzinomzellen geprüft. Wie schon mitgeteilt, zeigen Karzinomzellen ein spezifisches Selektionsvermögen für Kohlehydrate. Wir haben nun nachgesehen, ob dieses Selektionsvermögen durch Bestrahlung geändert wird. Es hat sich gezeigt, daß nach vier- bis achtstündiger Radiumbestrahlung die pathologische Selektionsfähigkeit erloschen war, während nach Röntgeneinwirkung keine Änderung zu konstatieren war.

Fassen wir die Resultate zusammen, so ergibt sich:

Toxische (nicht therapeutische) Röntgenbestrahlung bewirkt das Verschwinden der im normalen Gewebe und im normalen Serum vorkommenden, ätherlöslichen, Karzinomzellen zerstörenden Fettsäure.

Exzessive Radiumbestrahlung vermag im Gegensatze hiezu aus dem pathologischen Nukleoglobulin der Karzinommatösen eine in Äther lösliche, Karzinomzellen zerstörende Fettsäure freizumachen.

Karzinomzellen werden nur durch Radium-, nicht durch Röntgenbestrahlung, ihres pathologischen Selektionsvermögens für Kohlehydrate beraubt.

Betrachten wir nun die Resultate, so bilden sie — in praktischer Hinsicht — nur eine chemische Grundlage für Wirkungen, die man ja in der Praxis längst festgestellt hat. In wissenschaftlicher Beziehung ergeben sich aber nach mehreren Richtungen Fragen. So vor allem nach dem näheren chemischen Verständins der gefundenen Veränderungen.

Die chemischen Änderungen nach Bestrahlung sind schon mehrfach Gegenstand des Studiums gewesen. Gottwald SCHWARZ hat als erster darauf aufmerksam gemacht, daß Radium eine Spaltung des Lezithins bewirke, und WERNER und EXNER haben dann durch Injektionen mit einem Spaltungsprodukt des Lezithins, dem Cholin, radiumähnliche Wirkungen erzielt. NEUBERG hat die Radiumwirkung auf eine Unterstützung, resp. Freimachung des autolytischen Fermentes bezogen und bei Uran-Lichtbestrahlung an einer großen Reihe von Substanzen Veränderungen oxydativer Spaltung beobachten können.

Nach diesen Arbeiten wäre es sehr nahe gelegen gewesen, an eine oxydative Zerstörung der Fettsäure durch die Röntgenstrahlen zu denken. Es wäre aber auch möglich gewesen, daß es sich nur um eine Bindung der Säure in eine inaktive Substanz handle.

Um diese Frage zu entscheiden, haben wir versucht, Hautstückchen zuerst mit Röntgen und hierauf mit Radium zu bestrahlen und sowohl nach Röntgen- als nach Radiumbestrahlung das Zellzerstörungsvermögen zu untersuchen. Es hat sich ergeben, daß das Zerstörungsvermögen, das nach Röntgenbestrahlung erloschen war, nach Radiumbestrahlung wieder erstanden war, resp. daß der Ätherauszug, der unwirksam auf Karzinomzellen war, nach Radiumbestrahlung des Hautstückchens aber wieder wirksam war. Es ist naheliegend, diesen Befund so aufzufassen, daß durch die Röntgenbestrahlung eine Bindung der Fettsäure an eine in Äther nicht lösliche Substanz stattgefunden habe, die durch die Radiumstrahlung gespalten wurde.

Es scheint dies uns nicht nur von theoretischem, sondern auch von therapeutischem Werte, da dies zum mindesten Veranlassung geben könnte, Radium therapeutisch bei den Röntgenverletzungen zu verwenden.

Es sei noch auf eines verwiesen. Wir haben bisher nur von einem Nebeneinander des Karzinoms und der pathologischen Änderungen des Serums und der Organextrakte sprechen können.

Durch die vorliegenden Versuche ist aber gezeigt, daß eine Schädigung die nach klinischer Erfahrung eine lokale Disposition für Karzinom bilden kann, das Verschwinden einer Substanz hervorruft, deren Mangel wir als Vorbedingung der lokalen Disposition angesehen haben, und daß anderseits die Radiumbestrahlung, der eine Heilwirkung auf Karzinom nicht abzusprechen ist, gerade jene Substanz, die wir als wesentlich für die Karzinombildung halten, ihrer pathologischen Eigenschaften beraubt.

Versuche bezüglich Karzinom begünstigender Agenzien (wie Tabaksaft, Teer, Ruß).

Seit langer Zeit ist das Interesse der Karzinomforschung durch den Einfluß in Anspruch genommen worden, den chronische Reizung durch Tabak, Ruß, Teer usw. auf das Entstehen von Hautgeschwüren ausübt.

Schon PENCIVALL POLL beschreibt 1775 in England bei Schornsteinfegern eine krebsige Affektion des Skrotums, die bis dahin als syphilitisch angesehen wurde. Später beschrieben ähnliche Affektionen W. SIMONS, H. EARLE. — CÜSLING beobachtete eine krebsige Affektion am Handrücken eines Gärtners, der Ruß mittels des Handrückens auf Pflanzen streute. FÜTTERER hat 47 ähnliche Affektionen aus der englischen und amerikanischen Literatur zusammengestellt. In Frankreich wurde der Rußkrebs selten beobachtet. BAYLE und CAYOL beschreiben in ihrer Zusammenstellung nichts von dergleichen Affektionen. Andere französische Forscher wie STELLE, ALIBERT, JENINE beschreiben ihn als Rußkrebsthrazine. In Deutschland wurde der Rußkrebs von MAYER, MICKIN, KÖHLER beschrieben. Später wurden als gleiche Ursachen des Krebses Teer und Paraffin angegeben, zuerst von englischen, dann später von den deutschen Forschern VOLKMANN, HEINRICH, TILLMANN und SCHUCHARDT. Die Untersuchungen von TILLMANN, SCHUCHARDT, LIEBE zeigten, daß es sich dabei um ein echtes Epithelkarzinom handle. Eine ähnliche Rolle wie Ruß und Teer beim Hodenkrebs spielt Tabak beim Lippenkrebs, und auch hier sind es offenbar Destillationsprodukte, die schädigen. SOEMMERING hat darauf hingewiesen, daß nicht der Rauch, sondern der Tabaksaft und die Tabakbeize die ursächlichen Momente dieser Erkrankung sein dürften. In Krain, wo kurze Kupferpfeifen zur Verwendung kommen und die Beize besonders stark auf die Lippenschleimhaut einwirkt, ist der Krebs sehr häufig, während bei Tabakrauchern im Orient, wo Tabak in der Naturform geraucht wird, wie MELZER gezeigt hat, diese Affektion höchst selten vorkommt.

In einer ganzen Anzahl von Beobachtungen ist auch statistisch das gehäufte Vorkommen der Karzinomerkrankungen bei den entsprechenden Berufskrankheiten hervorgehoben worden. Es scheint uns unnötig, auf diese statistischen Angaben[1]) näher einzugehen, und zwar aus folgendem Grunde:

So imponierend auch die Anzahl karzinomatöser Erkrankungen z. B. bei Paraffinarbeitern, Tabakrauchern, Röntgenbeschäftigten, Schornsteinfegern usw. ist, so darf eine kritische Beobachtung nicht achtlos daran vorübergehen, daß den positiven Fällen doch eine kollossale Majorität jener Individuen gegenübersteht, die den gleichen Traumen ausgesetzt waren, ohne daß sie erkrankten.

Und selbst die Forscher, die dem Paraffin und Anilin z. B. eine schädigende Wirkung zuschreiben, stimmen darin überein, daß der Disposition ein großer Einfluß zugestanden werden muß, da manche Arbeiter sofort erkranken, andere wieder dauernd verschont bleiben.

Es würde allerdings wieder zu weitgehend sein, wenn man den Einfluß solcher Traumen als irrelevant hinstellen wollte. Etwas muß die Bevorzugung dieser Traumen doch zu bedeuten haben und es scheint uns die richtige Mitte in dieser Beziehung zu sein, wenn man annimmt, daß diese Traumen nach jener Richtung wirken, nach welcher der zum Karzinom disponierte Organismus eine Schwäche zeigt. Es wird sich daher die im Anfang gerichtete Frage dahin zuspitzen, einerseits die disponierende Substanz im Organismus zu charakterisieren, andereits das Tertium comparationis jener Ähnlichkeiten festzustellen, welche solche Substanzen mit den in Frage stehenden Traumen gemeinsam haben.

Existiert doch auch sonst eine Reihe von Momenten, die zur Annahme einer Disposition für Karzinomerkrankungen nötigen. Vor allem das Moment, daß ein Zurückbleiben von Karzinomresten bei Exstirpation so rasch zu Rezidiven führt, während anderseits die Übertragung von Karzinomen auf Operateure oder Wärterinnen gar nicht bekannt ist. Die Fälle, die als Beispiele von Übertragung angeführt werden, sind so spärlich (bei Ehepaaren, in Karzinomhäusern usw.), daß sie nur als Ausnahmen angesehen werden können.

Ein weiteres Moment hierfür sind jene Fälle, wo Metastasen nicht nach jener Zeit sich entwickeln, wo Rezidiven zurückgelassener Keime zu erwarten wären, sondern jahrelang später, wo also, gleichviel ob man annimmt, daß doch Keime noch vorhanden waren oder Neuinfektion erfolgt ist, eine Mitwirkung des Organismus angenommen werden muß, sei es, daß derselbe die Entwicklung lange Zeit beeinträchtigt oder schließlich wieder gefördert hat.

Hierher gehören auch die Beobachtungen beim Impfkarzinom an Tieren, wo nicht nur die Tierspezifität von Ausschlag ist, sondern auch bei verschiedenen Individuen einer Tierspezies eine verschiedene Empfänglichkeit gegenüber Karzinom zu beobachten ist.

---

[1]) Siehe bezüglich dieser Literatur: WOLFF, Die Lehre von der Krebskrankheit.

Von diesem Standpunkt aus erschien es dann gerechtfertigt, die aufgestellte Frage auf diesem Wege zu prüfen, resp. nachzusehen, ob die angefragten Schädigungen einen derartigen Einfluß auf die Karzinomzelle konstatieren lassen, daß sie als disponierendes Agens gelten können. Gerade in bezug auf die disponierenden Momente haben ja unsere früheren Untersuchungen eine Reihe aufklärender Tatsachen uns erkennen lassen. Vor allem hat es sich gezeigt, daß der Unterschied zwischen Normalserum und Serum Karzinomatöser nicht nur in dem Lösungsvermögen besteht, das das Normalserum besitzt, während es dem Karzinomserum abgeht, sondern daß das Karzinomserum nebst diesem Mangel durch den Besitz einer spezifischen Substanz ausgezeichnet ist, die die normale Lösungssubstanz zu neutralisieren, resp. in ihrer Wirkung zu vernichten imstande ist (Schutzvermögen für Karzinomzellen).

Denn während Normalserum auf die Hälfte mit NaCl-Lösung verdünnt, noch Lösungsvermögen für Karzinomzellen besitzt, erlischt dasselbe, wenn man Normalserum statt mit NaCl-Lösung mit Karzinomserum vermischt. Es hat sich auch gezeigt, daß das Karzinomserum die Fähigkeit hat, die Karzinomzellen gegenüber der Zerstörungsfähigkeit durch Normalserum zu schützen. Beläßt man Karzinomzellen im Karzinomserum, so bedürfen sie dann einer weit größeren Menge Serum als vorher, um gelöst zu werden. Anderseits kann durch ein Übermaß von Karzinomzellen gegenüber Normalserum diesem letzteren sein Zerstörungsvermögen gänzlich entzogen werden.

Es besteht also ein Kampf zwischen dem Lösungsvermögen des Normalserums und dem dieses vernichtenden resp. neutralisierenden Vermögen der Karzinomzellen, so daß der Endeffekt der Vermischung ganz von den zur Verwendung gelangenden Mengen abhängig ist. Die Verhältnisse dieser Experimente geben darin auch ein Bild der Verhältnisse, wie sie sich im Organismus abspielen müssen und die zur Erklärung jener Beobachtungen herangezogen werden können, wo Impfungen bei gleicher Tierspezies verschiedene Resultate geben, resp. die Entwicklung ungleich verläuft.

Es hat sich aber auch weiter nachweisen lassen, daß jedes Organgewebe eines Gesunden resp. nicht an Karzinom Erkrankten in seinen Zellen — abgesehen vom Serumgehalt — ein Zerstörungsvermögen für Karzinomzellen besitzt, denn NaCl-Extrakte resp. Ätherextrakte des Gewebes vermochten bei Vermischung mit Karzinomzellen dieselben zu zerstören. Im Gegensatze hierzu zeigten die Auszüge von Organen, in denen Karzinome sich entwickelt hatten, nicht nur einen Mangel dieser Zerstörungsfähigkeit, sondern sogar das Vermögen, die Zerstörungsfähigkeit der normalen Gewebe resp. des Normalserums gegenüber Karzinomzellen zu paralysieren.

Gerade der Nachweis dieses auffallenden Gegensatzes in der Beschaffenheit der Gewebe Gesunder gegenüber Karzinomatösen hat uns Veranlassung gegeben, jene Organstellen auf ihr Verhalten gegenüber Karzinomzellen zu untersuchen, die seit jeher als Prädilektionsstellen für Karzinome gelten, wie chron. Ulcus ventriculi, Ulcus-cruris-Stellen usw., um daraus zu ersehen, ob die gefundenen Veränderungen beim Organ des Karzinomatösen als Folgeerscheinungen angesehen werden dürfen, oder etwas sind, was der Karzinomentwicklung vorhergeht.

Die Untersuchungen haben[3] ergeben, daß solche Prädilektionsstellen kein Zerstörungsvermögen für Karzinomzellen zeigen; es war damit einwandfrei nachgewiesen, daß wenigstens eine Veränderung — nämlich der Verlust der karzinomzellzerstörenden Fähigkeit als eine dispositionelle, d. h. der Karzinombildung vorangehende — sie begünstigende — zu betrachten ist. Ein weiterer Nachweis für die Auffassung dieser Änderung als dispositioneller ließ sich noch auf einem anderen Gebiete der Pathologie erbringen.

Bekanntlich hat sich insbesondere bei Personen, die mit Röntgenarbeiten längere Zeit beschäftigt waren, auffallend häufig und in relativ jungem Alter Karzinomentwicklung an den Händen gezeigt, so daß die Ansicht nicht von der Hand zu weisen ist, daß Röntgenbestrahlungsschädigungen eine lokale Disposition für Karzinom erzeugen.

Wir konnten nun in einer früheren Arbeit nachweisen, daß durch allerdings toxische Röntgenbestrahlung das Zerstörungsvermögen normaler Hautstückchen gegenüber Karzinomzellen verloren geht, was um so auffallender war, als durch selbst intensive Radiumbestrahlung ein gleicher Effekt nicht erzielbar war. Ganz abgesehen von der pathognostischen Verwertbarkeit dieser Erkenntnisse hat die Übereinstimmung der durch die zytologische Reaktion nachweisbaren Ergebnisse mit den pathologischen Erscheinungen sicherlich erkennen lassen, daß die zytologische Prüfung für uns eine Methode ist, die zur Lösung von Fragen über disponierende Momente für Karzinom sehr geeignet ist. Wir haben daher diesen Weg auch betreten, um in der vorliegenden Frage über den Einfluß von Teer, Tabak, Paraffin usw. Aufklärung zu gewinnen. Wir geben im nachfolgenden mit Rücksicht auf die Gleichsinnigkeit der Versuche, die mit Tabaksaft, Teer und Ruß angestellt wurden, nur die Versuche mit Tabaksaft wieder.

Unsere Versuche gliederten sich in drei Teile:

1. Versuche mit nicht lebendem Material
    a) Einwirkung von Tabaksaft resp. Teer auf Serum,
    b) Einwirkung von Tabaksaft resp. Teer auf Haut und Hautextrakte (mit Kochsalzlösung und mit Äther).

2. Versuche mit lebendem Material.

Untersuchung der Extrakte von Hautstückchen, die an der lebenden Ratte mit Tabaksaft-Ruß durch mehrere Tage gereizt wurden, auf ihr Verhalten gegenüber Karzinomzellen.

3. Untersuchung auf wirksame Bestandteile des Teers, Tabakrauches usw.

Als Tabaksaft bezeichnen wir hier das Produkt, das sich beim Pfeifenrauchen am Boden der Tabakpfeife ansammelt.

Versuche mit nicht lebendem Material.

Versuch 1: Wirkung des Tabaksaftes oder Teers auf Karzinomzellzerstörung: Es wurden Karzinomzellen in mit NaCl-Lösung verdünntem Tabaksaft oder Teer bei 40° C 24 Stunden belassen und nachgesehen, ob dies Zerstörung bewirkt. Aus Gründen der Kontrolle wurden auch Sarkomzellen auf Zerstörbarkeit durch Tabaksaft geprüft. Weiter wurde geprüft, ob Tabaksaft vielleicht die Zerstörungsfähigkeit des normalen Serums gegenüber Karzinomzellen beeinflußt.

Tabaksaft und Teer zerstören weder Karzinomzellen noch Sarkomzellen; Tabaksaft hemmt das Zerstörungsvermögen des Normalserums gegenüber Karzinomzellen nicht.

Versuch 2: Prüfung von Extrakten einer Haut, die im Tabaksaft getränkt war. Zirka 6 g Rattenhaut wird in Tabaksaft drei Tage bei 40° C belassen; dann wird der Tabaksaft mit physiologischer NaCl-Lösung gut weggewaschen und aus je 3 g ein NaCl-Extrakt von 3 cm^3 sowie ein Ätherextrakt hergestellt; der letztere wird bei gewöhnlicher Temperatur abgedunstet und der Rückstand in 3 cm^3 phys. NaCl-Lösung aufgeschwemmt. Als Kontrolle wird 6 g Rattenhaut in phys. NaCl-Lösung belassen und aus je 3 g, wie im Hauptversuch, ein NaCl- sowie ein Ätherextrakt hergestellt.

Der Versuch ergibt, daß, während ein Stückchen Rattenhaut durch dreitägige Belassung in Kochsalzlösung ihr Zerstörungsvermögen gegenüber Karzinomzellen nicht ändert, ein gleiches Stückchen Haut in Tabaksaft belassen, sein Zerstörungsvermögen gegenüber Karzinomzellen einbüßt. Diese Einbuße ist eine spezifische, denn das Zerstörungsvermögen der Haut gegenüber Sarkomzellen ist erhalten geblieben.

Versuch 3: Nach dieser Feststellung, die in einer Reihe von Wiederholungen erhärtet wurde, war es eine naheliegende Aufgabe, nachzusehen, ob diese Schädigung des Zerstörungsvermögens auch eintritt, wenn der Tabaksaft direkt mit einem NaCl-Extrakt oder Ätherextrakt der Haut, die ja normalerweise zerstörend wirken, zusammengebracht wird.

Der Versuch zeigte mit seinem negativen Ausfall, daß der Verlust der normalen Zerstörungsfähigkeit gegenüber Karzinomzellen nicht lediglich als Bindung der zerstörenden Substanzen durch den Tabaksaft aufgefaßt werden kann, denn diese hätte auch im Extrakt stattfinden müssen; da der Kochsalzextrakt keine chemische Änderung der karzinolytischen Substanz bedeutet, läßt sich dieses Resultat nur dahin deuten, daß bei der Einwirkung des Tabaksaftes auf die Hautsubstanz komplizierte Einwirkungen vor sich gehen müssen. Um so wichtiger erschien es nun, Tabaksaft auf lebende Haut einwirken zu lassen und die betreffenden Hautstückchen nachher zu exstirpieren und auf ihre karzinolytische Fähigkeit zu untersuchen.

Versuche mit lebendem Material.

Versuch 4: Einer Ratte wird nach Rasieren der Haut diese skarifiziert und durch 10 Tage Tabaksaft eingespritzt. Diese Haut wird nach 10 Tagen exstirpiert, solange mit phys. NaCl-Lösung gewaschen, bis die Waschflüssigkeit sich nicht mehr färbt, und aus 3 g dieser Haut ein NaCl-, aus 3 g ein Ätherextrakt, analog Versuch 2, hergestellt und auf Karzinom-, resp. Sarkomzellen geprüft. Als Kontrolle wird Haut mit NaCl-Lösung in obiger Weise behandelt.

Es ergibt sich, daß auch Tabaksafteinwirkung während des Lebens die gereizte Haut ihres normalen Zerstörungsvermögens gegenüber Karzinomzellen beraubt, und zwar des speziellen Zerstörungsvermögens.

Wiederum zeigt es sich, daß die Schädigung nicht eine ledigliche Bindung der betreffenden zytolytischen Substanz ist, sondern komplizierterer Art sein muß.

Für das nähere Verständnis dieser Schädigung schien es uns notwendig, zu studieren, welche Substanzen, welche Anteile der geprüften Materialien die eigentlich schädigenden seien. In bezug auf das chemische Verständnis der zytolytischen Reaktion haben unsere früheren Untersuchungen eine Reihe wichtiger Feststellungen erbracht. Es hat sich durch frühere Untersuchungen herausgestellt, daß das Zerstörungsvermögen des normalen Serums wie der normalen Organe als eine mit Äther extrahierbare N-freie gesättigte Fettsäureverbindung isolierbar ist, während die entgegengesetzt wirkende Substanz des Karzinomserums ein Nukleoglobulin ist, das sich chemisch vom normalen Nukleoglobulin durch seinen auffallenden Gehalt an kolloidalen Kohlehydraten und eine N-freie ungesättigte Fettsäureverbindung unterscheidet.

Im Anschluß an frühere Konstitutionsuntersuchungen über diese isolierte Substanz haben sich auch im Rahmen der ihrer Konstitution nach bekannten Säuren der org. Chemie Repräsentanten auffinden lassen, die wenigstens ihrer Wirkung nach auf Karzinomzellen den aus den Geweben extrahierten Säureverbindungen gleichartig waren. Es hat sich dabei gezeigt, daß Repräsentanten beider Wirkungen sich in der Reihe der Dikarbonsäuren finden, nur daß die normal wirkenden sich dadurch auszeichnen, daß sie eine ungerade Zahl von C_2H_4-Gruppen besitzen, während die Säuren, die ähnlich wie Karzinomserum wirken, sich dadurch auszeichnen, daß die beiden Karboxylgruppen an ein C-Atom verankert sind.

Gerade mit Rücksicht auf den Säurecharakter der Karzinomzellen zerstörenden Substanz schien es uns nun naheliegend, in den untersuchten Materialien nach basischen Substanzen zu fahnden. Als solche sind ja Pyridin und dessen Homologe bekannt.

Versuch 5: Prüfung von Pyridin und seinen Homologen auf karzinolytische Fähigkeit. Von dem letzten werden zirka $0·1\,g$ auf 20 Tropfen Flüssigkeit verdünnt zur Prüfung genommen.

Pyridin zerstört weder Karzinom- noch Sarkomzellen. Durch Pyridinbehandlung in vitro wird Rattenhaut des Zerstörungsvermögens für Karzinomzellen beraubt, während das Zerstörungsvermögen für Sarkomzellen erhalten bleibt. Durch Behandlung der Rattenhaut beim lebenden Tier kann der Haut das Zerstörungsvermögen für Karzinomzellen genommen werden, während das Zerstörungsvermögen für Sarkomzellen erhalten bleibt. Das nicht zur Rattenhaut, sondern zu Rattenhautextrakten zugesetzte Pyridin kann die Zerstörungskraft des Serums gegenüber Karzinomzellen nicht beeinflussen.

Es ist in bezug auf die nachgewiesene Pyridinwirkung besonders interessant, daß analoge Versuche mit Pikolin, Lutidin, Parvolin ganz im Gegensatz zu Pyridin das Zerstörungsvermögen der Haut gegenüber Karzinomzellen nicht beeinflußt haben. Es genügt also lediglich der Eintritt von Methylgruppen ins Pyridin, um die nachgewiesenen Einflüsse auf die Haut aufzuheben.

Faßt man schließlich zusammen, so haben die Untersuchungen ergeben, daß Tabaksaft resp. Teer, Ruß auf tierische Haut derart wirkt, daß deren normale Fähigkeit, Karzinomzellen zu zerstören, erlischt, während z. B. die Fähigkeit, Sarkomzellen zu zerstören, erhalten bleibt. Daraus allein geht schon hervor, daß es sich nicht etwa um eine allgemeine Zellschädigung, z. B. eine nekrotisierende Einwirkung handelt, die eben jede Lebensfunktion ertötet, sondern um eine jener spezifischen Läsionen im Sinne einer Begünstigung für die Karzinomzelle. Zu den wirksamen Bestandteilen des Tabaksaftes gehören basische Substanzen aus der Reihe der Pyridine. Allerdings ist nicht das Pyridin selbst der neutralisierende Faktor, denn der Ätherextrakt der normalen Haut, der ja die zerstörende Substanz enthält, wird durch Zusatz von Pyridin nicht inaktiviert, sondern bleibt unbeeinflußt; es muß sich also darum handeln, daß die Pyridinkörper sich selbst oder gewisse Zellbestandteile so verändern (bei Einwirkung auf die Haut), daß dann die Zerstörungsfähigkeit des Normalserums neutralisiert resp. zum Verschwinden gebracht wird.

Dem nachgewiesenen Einfluß des Pyridins gegenüber tauchte naturgemäß die Frage auf, warum denn z. B. der Tabaksaft nicht in einer noch größeren Prozentzahl der Raucher Lippenkrebs hervorruft. Oder warum ein Hund, dessen Haut mit Teer exzessiv behandelt wird —

wie dies Casin getan hat — keinen Teerkrebs bekommt. Wir glauben, daß unsere Versuche darüber Aufschluß geben.

Es ist eben nur ein das Karzinom begünstigender Faktor geschaffen worden; die Entstehung des Karzinoms bedarf aber noch eines anderen Faktors, wie dies die zitierte Untersuchung der Prädilektionsstellen für Karzinom erwiesen hat.

Wie das Karzinomserum eine Substanz hat — das pathologische Nukleoglobulin — das Karzinomzellen geradezu gegen die Zerstörung durch Normalserum schützt, so haben sich am primären Sitz des Karzinoms reichlich Substanzen gefunden, die die Karzinomzellen gegen die Zerstörung schützen, Substanzen, die eben eine materielle Vorbedingung für die Existenz des Karzinoms sind. Die Prädilektionsstelle hat diese pathologischen Substanzen nicht, ihr mangeln nur die normalen Schutzsubstanzen. Oder um histologisch verständlicher zu sprechen, es mangeln der Prädilektionsstelle zwar die schützenden Grenzsubstanzen der normalen Zellen, aber es mangelt ihr auch noch das Material, das die gereizten Zellen zur Wucherung bringt. Wir haben nun im vorliegenden Fall nachgesehen, ob in den Hautstückchen nach Tabaksaft-, Ruß-, Teer und Pyridineinwirkung sich solche Schutzwirkungen für die Karzinomzellen nachweisen lassen. Es hat sich herausgestellt, daß dies nicht der Fall ist.

Und weil nun dieser zweite Faktor der Karzinombildung durch den Tabaksaft nicht hervorgerufen werden kann, so kann der Tabaksaft usw. nicht in allen Fällen Karzinom hervorrufen, sondern nur in jenen, wo eben aus anderen Ursachen der zweite Faktor vorhanden ist.

Der Sachverhalt der Erkrankungsbedingungen stellt sich somit derart dar, daß eine Reihe von Menschen eine dieser zwei Vorbedingungen besitzen, z. B. das Vorhandensein jener pathologischen Substanzen, die die materielle Grundlage der Karzinombildung darstellen; diese pathologischen Substanzen können aber nirgends zur Zellbildung verwendet werden, weil die normalen Grenzsubstanzen der gesunden Zelle dies verhindern; dort aber, wo diese Grenzsubstanzen geschwunden sind, können die pathologischen Nährsubstanzen zur Verwendung gelangen und zur Wucherung führen.

Leute mit diesem einen Faktor, die ohne diese Teer- oder Raucherschädigungen noch lange kein Karzinom bekommen hätten, bekommen dasselbe früher, weil sie zu ihrem schon vorhandenen Karzinomfaktor nun auch die lokale defekte Stelle erhalten. Anderseits können eine Menge Menschen durch den Rauch usw. eine lokale geschädigte Stelle haben; sie bekommen aber kein Karzinom, weil sie jenen anderen Faktor nicht haben, die Erzeugung einer pathologischen Substanz, die das Material zur Wucherung darstellt.

Und die Schädlichkeit des Tabaksaftes usw. beschränkt sich nach den vorliegenden Untersuchungen darauf, daß an der Reizungsstelle jene normalen Stoffe verbraucht werden, die imstande wären, Karzinomzellen resp. deren Material zu zerstören und daß sie somit eine Stelle schaffen, wo Karzinomentwicklung ungestört von den normalen Schutzkräften vor sich gehen kann.

5. Kapitel.

Untersuchungen bezüglich der Altersdisposition.

Wie früher erwähnt, gehört zu den wenigen allgemein anerkannten klinischen Erfahrungen bezüglich der Disposition für das Karzinom der Einfluß des Alters.

Es sind wohl ganz vereinzelte Fälle von Karzinomen im Kindesalter beschrieben worden, doch werden diese geradezu als Raritäten angesehen.

Es ist also für einen Faktor, der als disponierend für das Karzinom angenommen wird, wichtig nachzusehen, inwiefern er mit dieser klinischen Tatsache in Zusammenhang gebracht werden kann.

Von vornherein schien es schwierig, einen Einfluß des Alters auf die Zerstörungsfähigkeit zu erörtern, da wir ja nur einen direkten Unterschied zwischen normalem Serum und Karzinomserum konstatiert hatten. Ein Ausweg erschien dafür, im Versuch nachzusehen, ob ein quantitativer Unterschied in dieser Zerstörungsfähigkeit bestehe.

Es hat sich gezeigt, daß das Serum von Kindern vom 1. bis 14. Lebensjahre ein 16—4 fach stärkeres Zerstörungsvermögen für Karzinomzellen als das Serum Erwachsener hat, und zwar nimmt diese Fähigkeit mit zunehmendem Alter ab, so daß schon im Pubertätsalter nur noch eine Zerstörungsfähigkeit zu beobachten ist, wie dieselbe als normal bei Erwachsenen festgestellt wurde.

Es wäre nun möglich gewesen, daß diese erhöhte Zerstörungskraft keine spezifische Beziehung zum Karzinom gehabt hätte, sondern daß das Serum in früher Jugend eine allgemein erhöhte zytolytische Fähigkeit besitze.

Aus dem Grunde haben wir Kontrollversuche mit Organzellen und Plazentazellen angestellt.

Die Versuchsanordnung war analog der früher beschriebenen, nur wurden statt der Karzinomzellen Organzellen, resp. Plazentazellen dem Serum zugesetzt. In keinem einzigen Fall war das Serum imstande, selbst im unverdünnten Zustand die Organzellen unter gleichen Verhältnissen zu zerstören. Es ergibt sich daraus, daß das Serum im Kindesalter ein eminent erhöhtes spezifisches zytologisches Vermögen gegenüber Karzinomzellen hat.

Im konträren Gegensatz stehen die Befunde der Sera im Greisenalter. Das Serum im höheren Lebensalter (Sechzig- bis Siebzigjähriger) zerstört wohl zugesetzte Karzinomzellen, doch verliert es schon auf die Hälfte verdünnt seine zerstörende Kraft, hat also nicht einmal jene Höhe des Zerstörungsvermögens, das das Serum des gesunden Erwachsenen zeigt.

Der damit konstatierte Gegensatz bezüglich der Zerstörungsfähigkeit des Serums für Karzinomzellen in verschiedenen Lebensaltern hat weiterhin eine auffallende Bekräftigung durch Untersuchung von Säuglingsblut erfahren.

Das Serum der Säuglinge besitzt ein durchschnittlich 21 mal höheres Zerstörungsvermögen wie das Serum Erwachsener.

Es ergibt sich vor allem, daß die Zerstörungsfähigkeit des Blutserums für Karzinomzellen in allen Lebensaltern keineswegs gleichartig ist. Wir sehen eine geradezu überraschende Höhe im Säuglingsalter und bis zur Pubertät, und zwar 20- bis 4 fach über der Norm.

Schon von da an besteht kein wesentlicher Unterschied in der Zerstörungskraft bis zum Greisenalter, d. h. es besteht nur die Zerstörungskraft in jener Höhe, daß sie bei einer zweifachen Verdünnung des Serums noch nachzweisen ist. Erst im höheren Greisenalter läßt sich sogar ein Absinken unter die Norm konstatieren, d. h. es besteht auch hier ein vollkommenes Zerstörungsvermögen, nur ist dieses nicht so hoch, daß man das Serum zweimal verdünnen kann, ohne seine Zerstörungskraft zu vernichten.

Es zeigt sich demnach jedenfalls ein erfreulicher Parallelismus der Erscheinungen zwischen der klinischen, seit alters festgestellten Tatsache, daß mit zunehmendem Alter ein begünstigendes Moment für das Karzinom entsteht, und der in der Eprouvette nachweisbaren Abnahme der Zerstörungskraft des Blutserums für Karzinomzellen, die von 20 facher Vermehrung über die Norm im Säuglingsalter absinkt bis unter die Norm im Greisenalter.

Damit ist ein neuer Hinweis gegeben, daß diese in Rede stehenden Unterschiede zwischen dem normalen und Karzinomserum ein disponierendes Moment abgeben für das Auftreten des Karzinoms. Dieses verschiedene Verhalten der Sera in den verschiedenen Lebensaltern scheint mit der Funktion der Thymusdrüse zusammenzuhängen, da Untersuchungen gezeigt haben, daß

1. bei den Extrakten von Thymus sich das Zerstörungsvermögen gegen Karzinomzellen durch die zytolytische Reaktion in wesentlich höheren Verdünnungsgraden nachweisen läßt als beim Serum und bei den Extrakten anderer Organe;

2. beim Kaninchen sich das ursprünglich geringe Zerstörungsvermögen des Blutserums gegen Karzinomzellen durch subkutane Injektion von Kalbsthymus vorübergehend stark erhöhen läßt;

3. beim jungen Hund das ursprünglich hohe Zerstörungsvermögen des Blutserums gegen Karzinomzellen durch Exstirpation der Thymusdrüse unter die mit der zytolytischen Reaktion noch nachweisbare Grenze sinkt;

4. bei Individuen mit Thymuspersistenz das Blutserum ein höheres Zerstörungsvermögen gegen Karzinomzellen als das Blutserum normaler Gleichaltriger besitzt;

5. in 18 von 20 jener Fälle, deren Blutserum ein Zerstörungsvermögen gegen Karzinomzellen besitzt, sich auch in der Thymus ein die übrigen Organe übertreffendes Zerstörungsvermögen nachweisen ließ;

6. beim Fötus, dessen Blutserum Krebszellen nicht zerstört, auch die Thymus (und die anderen Organe) kein nachweisbares Zerstörungsvermögen gegen Karzinomzellen besitzt;

7. beim Karzinomatösen, dessen Serum Karzinomzellen nicht zerstört, auch die Thymus kein nachweisbares Zerstörungsvermögen besitzt.

Es besteht somit irgendein ursächlicher Zusammenhang zwischen dem die Krebszellen zerstörenden Prinzipe der Thymusdrüse und dem die gleiche Zerstörung ausübenden Prinzipe des Blutserums.

6. Kapitel.

Untersuchungen bezüglich der allgemeinen Disposition.

Wie diese Zusammenstellungen ergeben, ist bei jedem Karzinomfall an der prädisponierten Stelle und auch bei der Prädisposition des Alters ein Verschwinden resp. Absinken der Karzinomzellen lösenden Substanz teilweise im Blut, teilweise in den Organen zu sehen, also eine Disposition, hervorgehend aus einem Mangel einer normalen Zellsubstanz, und es fragt sich, können wir aus diesem Mangel den Schluß ziehen: ist das der einzige Faktor, der zum Karzinom führt? Wir müssen mit Rücksicht auf unsere Erfahrungen antworten, daß das nicht der Fall ist. Denn wenn auch die angeführten Momente gewiß eine auffallende Disposition darstellen, insofern ein normaler Zellbestandteil mangelt, so darf man nicht vergessen, daß alle prädisponierten Stellen doch nur in einem geringen Prozentsatz zu Karzinom führen, daß noch ein zweiter Faktor hinzukommen muß, um das Auftreten eines Karzinoms zu ermöglichen. Wiederum wird an uns die Frage herantreten, ob es sich dabei um ein äußeres Moment , ein Lebewesen, Infektion usw. handelt und wiederum können wir antworten, daß dies nicht für alle Fälle das Ausschlaggebende sein kann, weil in den Fällen, wo nach Operation ein Rezidiv erst nach fünf bis sechs Jahren eintritt, der Organismus inzwischen Widerstand aufgebracht haben muß, daß also eine Mitwirkung des Organismus notwendig sein muß.

Da aus unseren Untersuchungen hervorgeht, daß die lokale Disposition im Verlust der Normalsäure der betreffenden Stelle (Grenzlipoidschutz) besteht, so war es naheliegend, zunächst an jene Substanz zu denken, die wir als anormalen Überschuß, dabei als spezifisch für Karzinom anzusehen gelernt haben, die Substanz, die sowohl die Zellen vor der Zerstörung schützt, als auch eine nicht lösliche Verbindung mit Karzinomextrakt eingeht, spezifische Selektion für Nährstoffe zeigt, nämlich das pathologische Karzinom-Nukleoglobulin des Serums.

Die Untersuchung betreffs der Herkunft des spezifischen karzinomatösen Nukleoglobulin gestaltete sich schwierig; denn hier stand man vor denselben Schwierigkeiten, die sich der Frage nach der Herkunft des Karzinoms entgegenstellen. Für die Entscheidung dieser Frage war uns die Berücksichtigung des Wachstums des Karzinoms maßgebend. Eine ganze Reihe von Versuchen und Überlegungen haben uns von den Organen den Weg zum Darm gewiesen.

Es wird keinem Widerspruch begegnen, wenn wir darauf hinweisen, daß beim Ösophaguskarzinom sowohl an und für sich, wie in seinen so seltenen Metastasen ein weitaus geringeres Karzinomgewebsmaterial produziert wird, als gerade bei gut genährten anderen Karzinomkranken.

Wenn aber eine solche Umbildung des Körpermaterials zum Material für Karzinom erfolgen könnte, dann müßte das insbesondere beim stenosierenden Ösophaguskarzinom der Fall sein, wo besonders reichlich Körpereiweiß zum Einschmelzen gelangt. Nun ist aber zweifellos, daß gerade beim stenosierenden, also hungernden Ösophaguskarzinom selbst bei vielmonatlichem Bestande die Tumoren klein sind, während anderseits große Tumoren gewöhnlich nur bei gut erhaltener Ernährung zu sehen sind. Das läßt den wichtigen Schluß zu, daß das Karzinom sich nicht aus dem übrigen Körpermaterial sein Aufbaumaterial präparieren kann, sondern daß dieses Material aus der Außennahrung stammen muß.

Als einen weiteren Gegengrund müssen wir anführen, daß das Auftreten der Rezidive noch nach Jahren nach der Radikaloperation dazu zwingt, anzunehmen, daß die Vergiftung es allein nicht sein kann, die das Auftreten des Karzinoms hervorrufen kann.

Wir müssen demnach schließen, daß die Ursache nicht in der Wirkung von Produkten des Tumors allein, sondern vielmehr in Stoffwechselvorgängen des Organismus zu suchen sind.

Sucht man nun im karzinomatösen Organismus in den verschiedenen Organen nach Quellen dieser Materia peccans, — und wir haben dies in eingehendster Weise getan — so findet man solche Hinweise hierfür nur an jener Stelle, die den bedeutendsten Anteil für das Material der Wachstumsvorgänge überhaupt hat — im Innern des Darmlumens. Zu den Momenten, die uns dazu führten, bei Erzeugung dieser Substanzen an die Darmtätigkeit zu denken, gehören auch die Erfahrungen, die wir über die Entstehung der Globuline überhaupt besitzen.

Bezüglich der Globuline liegen zwei hierher gehörende Tatsachen vor: erstens die Verminderung der Globuline des Serums im Hungerzustand, zweitens die Vermehrung der Pseudoglobuline bei Durchblutungsversuchen des gefütterten Darms. Durch diese Befunde, die dartun, daß die Vermehrung bzw. die Verminderung der Globuline des Serums durch eine Darmfunktion beeinflußt werden kann, wurden wir veranlaßt, nachzusehen, ob die funktionelle Tätigkeit des Darms bzw. die Art der Verarbeitung der Nährsubstanzen auf die Bildung der spezifischen Euglobuline auch Einfluß haben kann. Bevor wir unsere diesbezüglichen Versuche anstellten, haben wir zunächst nachgesehen, ob gegenüber Karzinomgeweben Darminhaltsextrakte analog dem Serum ein verschiedenes Verhalten zeigen, je nachdem, ob sie vom karzinomatösen bzw. vom normalen (d. h. karzinomfreien) Menschen stammen.

Wie eingangs erwähnt, gibt Karzinomserum mit Karzinomextrakten spezifische Trübungen. Diese Trübungsreaktion wählten wir zu unseren Untersuchungen.

Von der Überlegung ausgehend, daß es sich nur um Substanzen handeln kann, die leicht durch die Darmwand diffundieren, stellten wir Versuche an, in denen wir die in Rede stehenden Substanzen des Karzinomdarms auf Serum einwirken ließen, und prüften, ob und inwiefern Serum nach dieser Einwirkung sich biologisch verändert.

Der Dünndarminhalt frischer Leichen wurde, da es sich um leicht diffusible Substanzen handelte, bei schwach saurer Reaktion aufgekocht und das nur wenig trübe Filtrat zur Reaktion verwendet. In planparallelen gleich großen Küvetten wurden von diesen Darmfiltraten einerseits 10 Tropfen zu 2 cm^3 Karzinomserum gegeben und eine Stunde bei 40⁰ im Brutschrank belassen (Probe 1), anderseits 10 Tropfen Kochsalzlösung zu 2 cm^3 Karzinomserum gegeben und gleichfalls eine Stunde bei 40⁰ im Brutschrank belassen (Probe 2). Mit diesen Proben stellten wir in der üblichen Weise die Trübungsreaktion mit Karzinom extrakten an.

Während Karzinomextrakt mit der Probe 2 eine Trübungsreaktion von normaler Intensität ergab, zeigte der Karzinomextrakt mit der Probe 1 eine weitaus intensivere Trübung. Dieses Resultat aber schien uns nicht einwandfrei, weil uns die Trübung interessierte, die zwischen Karzinomextrakt und dem durch Karzinomdarm veränderten Serum stattfindet, in unserer obigen Versuchsanordnung die Wirkung des

Karzinomdarms *allein* die verstärkte Trübung vorgetäuscht haben konnte. Um diese Fehlschlüsse auszuschalten, haben wir die Versuchsanordnung folgendermaßen geändert.

Einerseits haben wir eine Mischung von 10 Tropfen mit Karzinomdarmfiltrat beschicktem Serum (2 *cm*³ Serum auf 10 Tropfen Karzinom*darm*extrakt) $+$ 2 *cm*³ Karzinomextrakt neben einer Mischung von 10 Tropfen Serum, die durch Karzinomdarminhalt verändert waren, und 2 *cm*³ Kochsalzlösung in gleich großen planparallelen Küvetten aufgestellt; hinter die erste Mischung gaben wir in eine Küvette 2 *cm*³ Kochsalzlösung, hinter die zweite Mischung eine Küvette mit 2 *cm*³ Karzinomextrakt, so daß wir auf beiden Seiten Serum, Karzinomdarminhalt und Kochsalzlösung in gleichen Mengen hatten, nur mit dem Unterschied, daß auf der einen Seite Serum und Karzinomextrakt auf-einander einwirken konnten, da sie gemischt, während sie auf der anderen Seite getrennt waren, also ohne chemische Wirkung aufeinander blieben, so daß der Effekt dieser Einwirkung auf die Trübung beim Vergleich gelingen mußte.

Schema.

1. 10 Tropfen durch Karzinomdarminhalt verändertes Serum $+2$ *cm*³ Karzinomextrakt.	2. 10 Tropfen durch Karzinom darminhalt verändertes Serum $+$ 2 *cm*³ Kochsalzlösung.
2 *cm*³ Kochsalzlösung.	2 *cm*³ Karzinomextrakt.

Die Proben wurden eine Stunde bei 40° belassen.

Bei dieser Versuchsanordnung glauben wir den Fehler der Eigentrübung ausgeschaltet zu haben, da das Licht in beiden Proben alle drei Substanzen in derselben Konzentration passiert und somit bei jeder Art Trübung zum Ausdruck kommen mußte, ob sie durch eine Eigentrübung oder durch einen erzeugten Niederschlag hervorgerufen werde.

Auch bei dieser Versuchsanordnung zeigte es sich, daß das durch filtrierten Karzinomextrakt veränderte Serum eine präzipitierende Wirkung auf Karzinomextrakt ausübte. Wir haben uns in einer großen Reihe von Fällen überzeugt, daß dieser Befund ein konstanter ist. Tab. 1.

Zum sicheren Nachweis, daß es bei diesen Trübungen sich um die von uns schon früher gefundenen Substanzen handelt, haben wir bei einem Karzinomserum, von dem uns größere Mengen zur Verfügung standen, die Euglobulinmengen vor und nach der Einwirkung von Karzinomdarminhalt geprüft.

Es hat sich im Natriumkarbonatauszug der Euglobulinaussalzung eine Vermehrung dieses Euglobulinanteils um 0·02 bis 0·04 *g* in 100 *cm*³ Serum ergeben.

Tabelle 1.

Karzinomserum von	Karzinomdarm-inhalt von	Karzinomextrakt von	Trübungen v.Karzinom-extrakt + Karzinom-serum	Trübungen von Karzin.-Extrakt + Karzinom-serum + Darm-inhaltextrakt
Uterus-Karz. .			+	+ + +
Magen-Karz. .			+	+ + +
Uterus-Karz. .	Leiche, Karz. vom 12. II.	Metastatische Drüsen vom Carc. rect.	+	+ + +
Magen-Karz. .			+	+ + +
Magen-Karz. .			+	+ + +
Lippen-Karz. .			+	+ + +
Uterus-Karz. .			+	+ + +
Rektum-Karz. .	Leiche, Uterus-Karz. vom 1. III.	Carcinoma mammae	+	+ + +
Magen-Karz. .			+	+ + + +
Magen-Karz. .			+	+ +
Magen-Karz. .			+	+ + +
Rektum-Karz. .	Leiche, Karz. vom 12. IV.	Metastatische Drüsen vom Carc. rect.	+	+ +
Carc. bronchi .			+	+ + + +
Carc. mammae.			+	+ +
Carc. uteris . . .			+	+ + +
Uterus-Karz. .			+	+ + +
Magen-Karz. .	Leiche, Carc. mammae vom 14. III.	Lebermeta-stasen vom Carc. mammae	+	+ + +
Magen-Karz. .			+	+ + +
Carc. laryng. . .			+	+ + +
Carc. ventr. . .	Leiche, Carc. ventr. vom 2. V.	Metastatische Drüsen vom Carc. ventr.	+	+ + +
Carc. rect.			+	+ + +
Carc. penis . . .			+	+ + +

Die Feststellung einer Vermehrung einer bereits vorhandenen Substanz legte es uns nahe, nachzusehen, ob karzinomatöser Darminhalt nur im Karzinomserum diese Vermehrung hervorrufen kann, oder auch diese spezifischen Substanzen im Normalserum, das an und für sich solche Substanzen nicht besitzt, direkt erzeugen kann.

In der oben beschriebenen Weise wurde nun normales Serum mit karzinomatösem Darminhalt beschickt und nach einstündigem Belassen dieser Mischung im Brutschrank bei 40⁰ C mit dem so veränderten Serum in ganz analoger Weise die Trübungsreaktion angestellt. Wie aus folgender Tabelle hervorgeht, ist karzinomatöser Darminhalt imstande, normales Serum, das an und für sich keine Trübungsreaktion gibt, derart zu verändern, daß es nach Einwirkung von Karzinomdarminhalt den Karzinomextrakt präzipitierte, d. h. wie ein Karzinomserum sich verhält.

Tabelle 2.

Normalserum (karzinomfrei) von	Trübungen mit Karzinomextrakt	Trübungen mit Karzinomextrakt nach Einwirkung von Karzinomdarminhalt
Nephritis	—	+ +
Hernie	—	+ +
Nephritis	—	+
Arteriosklerose	—	+ +
Leberzirrhose	—	+
Ulcus ventriculi	—	+
Tbc. pulmonum, fieberfrei	—	+
Gonorrhöe, fieberfrei	—	+
Ekzem	—	+ +
Nephritis chronica	—	+
Artritis rheumatica	—	+
Diabetes mellitus	—	+
Nephritis acuta	—	+
Struma	—	+ +
Vitium cordis	—	+
Bronchitis	—	+
Tbc. intestini	—	+ +
Prostatitis	—	+
Vitium cordis	—	+
Lues II	—	+
Hernie	—	+
Lymphomata colli	—	+ +
Neuritis optica	—	+
Vitium cordis	—	+ +
Atheromatose	—	+
Gastritis	—	+
Rheumatismus	—	+
Bronchitis	—	+
Pleuritis	—	+

Wir haben daraufhin die wirksame Substanz des Dünndarminhaltes zu isolieren gesucht und die Untersuchungen haben ergeben, daß die wirksame Substanz eine bisher unbekannte, in Äther lösliche, stickstoff-, phosphor- und schwefelfreie Dikarbon-Fettsäure hoch molekulärer Zusammensetzung M = 300 sei. Wir haben dann mit dieser isolierten Darmsäure die Serumversuche in größerem Maßstab wiederholt und haben uns mit allen zur Verfügung stehenden Methoden zu überzeugen gesucht, ob durch die Einwirkung dieser karzinomatösen Dünndarmsäure auf normales Serum eine mit dem karzinomatösen Nukleoglobulin zu identifizierende Substanz erzeugt wird.

Wir haben zunächst geprüft, wie sich ein mit der Darmsäure behandeltes Serum gegenüber Karzinomzellen verhält, und haben konsta-

tieren können, daß ein Serum, das vor der Vermischung mit der Säure
Karzinomzellen normalerweise gelöst hat, keinen Schutz für die Zellen
besaß, nach der Einwirkung der Darmsäure Karzinomzellen nicht mehr
löste, sogar gegen die Einwirkung normalen Serums schützte.

Wir haben dann weiters uns überzeugen können, daß solches künstliches Karzinomserum nicht nur eine gewichtsanalytisch konstatierbare
Vermehrung des Nukleoglobulins zeigt, sondern auch die gleichen Selektionseigenschaften gegenüber Kohlehydraten und Karzinomgewebe aufweist wie natürliches Karzinomserum und sogar darin demselben gleicht,
daß es seiner pathologischen Eigenschaften verlustig wird, wenn es mit
Radium bestrahlt wird, wie auch die Säure an und für sich durch Radiumbestrahlung ihre pathologischen Eigenschaften verliert.[1]

Wir glauben uns daher auf Grund unserer Prüfmittel berechtigt,
von der biologischen und chemischen Identität des künstlichen mit dem
natürlichen Karzinomserum zu sprechen. Wir haben aber noch einen
Weg gewählt, um diese Identität festzustellen, und zwar mit den Beweismitteln eines anderen.

Es ist bekannt, daß nach ABDERHALDEN gekochtes Karzinomgewebe nur durch Karzinomserum abgebaut wird und das Dialysat der
Mischung dann Blaufärbung mit Ninhydrin ergibt.

Wir haben nun versucht nachzusehen, ob die Darmsäure auch diese
Eigenschaft einem normalen Serum verleihen kann. Wir haben normales
Serum mit Darmsäure in gewöhnlicher Weise behandelt, dann zu einer
Hälfte Karzinomgewebe gegeben und der ABDERHALDENschen Probe
unterzogen. Das Resultat war, daß das Serum, das mit der Darmsäure
allein keine Blaufärbung mit Ninhydrin zeigt, in der Probe mit dem
Karzinomgewebe, das allein ebenfalls keine Blaufärbung zeigt, prächtige
Blaufärbung mit Ninhydrin zeigt, also sich genau wie ein Karzinomserum verhält.

Wir haben uns, wie selbstverständlich, überzeugt, daß die positive
ABDERHALDENsche Reaktion nicht vielleicht durch jede Fettsäure aus
normalem Darminhalte hervorgerufen wird und daß z. B. Zufügung von
Palmitinsäure oder Ölsäure ganz einflußlos auf Serum ist. Wir haben
aber auch die verschiedensten Organe des Organismus in gleicher Weise
wie den Darm auf Serum einwirken lassen, ohne irgendeine Wirkung zu
erhalten, die der des karzinomatösen Darminhaltes, resp. seiner Säure
ähnlich gewesen wäre. Wir dürfen daher den Schluß ziehen, daß nur
diese Darmsäure imstande ist, jene Veränderungen am Euglobulin
hervorzurufen, die wir als charakteristisch für Karzinom gefunden haben.

---

[1] Wir müssen daher auch annehmen, daß beim Euglobulin des Karzinom-
Serums die Ankuppelung des Kohlehydrates durch die Darmsäure stattfindet,
und die Säure daher zu den Bestandteilen des spezifischen Nukleoglobulins
des Karzinomserums gehört.

Diese Säure hat aber auch Beziehungen zum Aufbau karzinomspezifischer Substanzen.

Wie wir schon mitgeteilt haben, geben Karzinomsera mit wässerigen Extrakten von Karzinomgewebe spezifische Trübungen, die sich, wie unsere späteren Untersuchungen gezeigt haben, als Vereinigungen des Nukleoglobulins mit einer Substanz des Karzinoms erwiesen haben, die wieder aus einem kolloidalen Kohlehydrat und einer in Äther löslichen Fettsäure besteht.

Wir haben nun nachgesehen, ob nicht auch bei dieser Karzinomextraktsubstanz das Spezifische in der in Rede stehenden Darminhaltsäure zu suchen sei. Wir sind hiebei — alle analytischen Schwierigkeiten umgehend — so vorgegangen, daß wir die Säure in der Menge eines Zentigramms zu 100 cm^3 zu einer 0·1%igen, Dextrin gelöst enthaltenden Kochsalzlösung von 0·6% zugegeben haben, bei 40⁰ eine Stunde stehen ließen und nach Abfiltrierung etwaiger Trübungen diese Flüssigkeit ganz so verwendeten, als ob sie ein natives Karzinomextrakt wäre.

Es hat sich gezeigt, daß diese Flüssigkeiten sich vollkommen so verhalten wie native Karzinomextrakte: sie geben mit Karzinomseren deutliche Trübungen, mit Normalseren keine Trübungen.

Es darf uns nicht verwirren, wenn eine Substanz scheinbar alles kann, hier das Euglobulin, dort das Kohlehydrat vergiften, sozusagen auf beiden Seiten der spezifischen Trübungsreaktion tätig sein kann.

Wir dürfen nicht vergessen, daß die Trübungsreaktion doch nur der Ausdruck von chemischen Anlagerungen ist und der Umstand, daß eine pathologische Säure Substanzkomplexe bildet und verknüpft, nur den Vorgängen entspricht, die beim Wachstum der Tumoren vor sich gehen müssen. Jedenfalls handelt es sich hier um nichts Hypothetisches mehr, denn mit dieser Säure arbeiten wir nun seit Jahren fast tagtäglich im Laboratorium, wir benützen sie zur Erzeugung von Extrakten für spezifische Karzinomtrübungen und wir haben den differenten Befund bezüglich des Darminhaltes an mehr als 400 Fällen mit relativ geringen Ausnahmen (unter 10%) konstant erhoben.

Berücksichtigt man, daß nach den weiter unten erwähnten HIRSCHFELDschen Nachprüfungen das Zellschutzvermögen des Karzinomserums auch für die Verhältnisse in vivo gilt und wir das ganze Schutzvermögen, sowie das pathologische Selektionsvermögen des Karzinomserums im Nukleoglobulin konzentriert gefunden haben und daß wir dem normalen Serum die erwähnten pathologischen Eigenschaften durch Einwirkung einer Säure verleihen können, so wird es wohl keinem Widerspruche begegnen, wenn wir diese Säure als eine wichtige Vorbedingung der allgemeinen Disposition zu Karzinom ansehen.

Nachdem unsere Untersuchungen festgestellt haben, daß eine aus dem Darminhalte extrahierbare organische Säure spezifische Wirksam-

keit gegenüber Karzinomserum und Karzinomzellen zeige, lag es nahe
nachzusehen, ob nicht auch in den Reihen der in ihrer Konstitution genau
bekannten Säuren der organischen Chemie Säuren mit derartiger Wirksamkeit zu finden wären. Bei der unübersehbaren Reihe dieser Säuren
konnte es sich nur darum handeln, gewisse Typen der organischen Säuren
daraufhin zu untersuchen. Es war also nachzusehen, ob gesättigte oder
ungesättigte, ein- oder mehrbasische Säuren usw. von Einfluß seien oder
Säureverbindungen nach Art der Lakton- oder Ketonsäuren.

Es war in dieser Hinsicht aber auch zu prüfen, ob nicht stereo-
chemische Eigenschaften, die biochemisch so wichtig sind, in unserem
Falle von Einfluß sind. Gerade diese letzte Fragerichtung hat uns tatsächlich eine Aufklärung gebracht und daher möchten wir uns darauf
beschränken, nur die diesbezüglichen Versuche mitzuteilen. Als Typen
stereoisomerer Säuren haben wir Fumar- und Maleinsäure gewählt.

Fumar- und Maleinsäure gehören nicht nur zu ein und derselben
Reihe organischer Säuren.

$$C_n H_{2n-4} O_4$$

sondern sie haben sogar dieselbe empirische Formel.

$$(C_4 H_4 O_4) = C_2 H_2 (COOH)_2$$

Sie unterscheiden sich aber trotzdem in ihren chemischen und physikalischen Eigenschaften so sehr, daß man zur Erklärung dieses Verhaltens
angenommen hat, daß diese beiden Säuren eine räumlich verschiedene
Gruppierung ihrer Atome in bezug auf die C-Atome besitzen, derart,
daß bei der Maleinsäure beide COOH-Gruppen auf einer Seite, also nahe
beieinander gelegen sind, während bei der Fumarsäure die COOH-Gruppen
auf verschiedenen Seiten resp. durch die C-Atome getrennt gelegen sind.

<table>
<tr><td>H—C—COOH</td><td></td><td>H—C—COOH</td></tr>
<tr><td>‖</td><td></td><td>‖</td></tr>
<tr><td>H—C—COOH</td><td></td><td>COOH—C—H</td></tr>
<tr><td>Maleinsäure</td><td></td><td>Fumarsäure</td></tr>
</table>

Die Annahme der nahen Stellung der beiden COOH-Gruppen bei der
Maleinsäure läßt es plausibel erscheinen, daß bei dieser Säure im Gegensatz zur Fumarsäure leicht Anhydridbildung auftritt resp. sich eine
besondere Labilität der Substanz zeigt.

Diese beiden Säuren haben sich nun Karzinomzellen
gegenüber verschieden verhalten. Keine der beiden Säuren hat
zwar Zellen gelöst, aber wenn wir die Schutzreaktion durchführten,
also zu einem Tropfen usueller Karzinomzellenemulsion zwölf Tropfen
Normalserum fügten und dazu acht Tropfen einer $0 \cdot 6\%$igen Cl Na-
Lösung mit einem Gehalt von $0 \cdot 4\%$ an neutralisierten Säuren, dann hat
sich die Maleinsäure als zellschützend erwiesen, während die Fumarsäure diese Fähigkeit nicht zeigte.

Es hat demnach die Maleinsäure genau so schützend auf Karzinomzellen gewirkt, wie Karzinomserum. So auffallend nun auch diese Tatsache an und für sich ist, sie gewinnt noch an Bedeutung, wenn man den Gegensatz in der Wirkung beider Säuren besonders ins Auge faßt. Aus diesem Gegensatz heraus läßt sich schon schließen, daß das Wesentliche nicht darin liegen kann, ob die Säure gesättigt ist oder nicht, denn beide Säuren sind ungesättigt und nur eine ist wirksam. Es kann auch nicht in der Zweibasizität liegen, weil beide zweibasisch sind. Das Wesentliche der Wirkung kann eben nur in dem Unterschied beider Säuren liegen und der ist ein stereochemischer.

Der Beweis für diese Annahme war nur durch Prüfung ähnlicher Verhältnisse zu erbringen.

Ähnliche sterische Verhältnisse zeigen: die Säuren der Formel $C_5 H_6 O_4$ in der gleichen Reihe. Es sind drei Isomere dieser Formel bekannt: die Itakonsäure, Mesakonsäure, Zitrakonsäure.

$CH_2-C-COOH$	$CH_3-C-COOH$	$CH_2=C-COOH$
$\parallel$	$\parallel$	$\vert$
$H-C-COOH$	$COOH-C-H$	CH_2
		$\vert$
		$COOH$
Zitrakonsäure	Mesakonsäure	Itakonsäure

Die Untersuchung bestätigte die Annahme: Nur die Zitrakonsäure ist imstande, die Karzinomzellen gegen Normalserum zu schützen.

Einen weiteren Beweis haben wir an den Isomeren der Brenzweinsäure finden können.

Durch die Liebenswürdigkeit des Herrn Prof. GOLDSCHMIDT wurden uns diese Isomeren zur Verfügung gestellt, wofür wir unseren besten Dank abstatten.

Es gibt vier Isomere der Brenzweinsäure:

Glutarsäure
$$\begin{cases} CH_2-COOH \\ CH_2 \\ CH_2-COOH \end{cases}$$

Brenzweinsäure
$$\begin{cases} CH_3 \\ CH-COOH \\ CH_2-COOH \end{cases}$$

Äthylmalonsäure
$$\begin{cases} CH{<}{}^{COOH}_{COOH} \\ CH_2 \\ CH_3 \end{cases}$$

$$\text{Dimethylmalonsäure} \quad \left\{ \begin{array}{l} CH_3 \\ C {\large\diagup}^{COOH}_{\diagdown COOH} \\ CH_3 \end{array} \right.$$

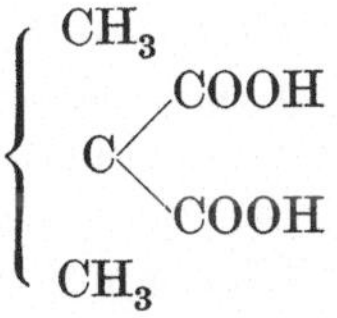

Die Untersuchung ergab, daß nur die Äthyl- und die Dimethylmalonsäure, also jene Isomeren, die zwei COOH-Gruppen an ein C-Atom gebunden zeigen, für Karzinomzellen Schutzvermögen aufweisen.

Und diese Schutzkraft hat sich schließlich auch an der Malonsäure

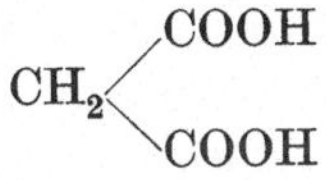

$$CH_2 {\large\diagup}^{COOH}_{\diagdown COOH}$$

selbst nachweisen lassen.

Es ist wohl hier nicht der Platz, genau zu entscheiden, welchen Namen die den wirksamen Verbindungen gemeinsame Atomgruppierung zu erhalten hat, da sie in den Rahmen der sog. Malonsäure (β Bikarbonsäure)-struktur nicht gezwängt werden kann; aber ob man sie als Dioxylakton oder nur als Stellung, die zur Anhydridbildung neigt, auffassen mag, wichtig erscheint uns nur, darauf hinzuweisen, daß es eine ganz bestimmte sterische Stellung der zwei Karboxylgruppen zu den C-Atomen sein muß, die die spezifische pathologische Beziehung zu den Karzinomzellen in sich birgt.

Zur näheren Feststellung dieser Wirkung schien es wichtig, nachzusehen, ob diese Säuren auch in anderer Beziehung die gleiche Wirkung wie die Darmsäuren haben. Wir haben mitgeteilt, daß die Darmsäure nach zwei Richtungen hin spezifisch wirkt.

1. Sie ändert, normalem Serum zugesetzt, dasselbe so, daß dasselbe in seinen Reaktionen dann wie ein karzinomatöses sich verhält, d. h. es gibt Abderhaldensche Reaktion mit Karzinomgewebe, es gibt Trübungen mit Karzinomextrakt und diese Trübung zeigt Anreicherung von Kohlehydraten.

2. Vermag die Darmsäure, wenn sie Dextrinlösungen zugesetzt wird, dieselben so zu verändern, daß dieselben wie ein Karzinomextrakt wirken, d. h. in Karzinomseren spezifische Wirkung hervorrufen.

Wir haben nun zu je 2 cm^3 Normalserum zehn Tropfen einer mit kohlensaurem Natron neutralisierten 0·4%igen Lösung einerseits von Malon-, Malein-, Dimethyl-Malon- und Zitrakonsäure und anderseits von Fumarsäure und Korksäure gegeben und eine Stunde bei 40° einwirken lassen und dann mit diesen Seren die Abderhaldensche Reaktion mit Karzinomgewebe angestellt. Nur die erste Reihe Sera hat positive Abderhaldensche Reaktion mit Karzinomgewebe ergeben, also sich wie Karzinomsera verhalten.

Den gleichen Unterschied fanden wir mit solchen Seris, resp. mit den entsprechenden Lösungen von Euglobulin, bei denen die Trübungsreaktion mit Karzinomextrakt und schließlich die Molisch-Reaktion gemacht wurde.

In einer zweiten Serie von Versuchen haben wir Dextrinlösung von 0·1 % in 0·6%iger ClNa-Lösung mit 0·4%iger Säure versetzt, eine Stunde bei 40⁰ belassen und diese Flüssigkeit statt eines Karzinomextraktes in Verwendung gezogen. Diese Flüssigkeit hat mit Normalseris keine Trübung gegeben, mit Karzinomseris deutliche Trübung, sie hat also ganz so gewirkt wie der wirkliche Extrakt von Karzinom.

Es zeigt demnach die Maleinsäure auch in ihrer Einwirkung auf Serum sowie auf Dextrinlösungen vollkommene Analogie zur Darmsäure. Trotzdem kann nicht davon die Rede sein, daß es sich bei der Darmsäure um etwas mit diesen Säuren Identisches handle. Dagegen spricht allein schon das hohe Molekulargewicht von über 300, das wir bei der Darmsäure gefunden haben. Aber es wird für die Erkenntnis der Struktur dieser Darmsäure von besonderem Werte sein, daß nach unseren Versuchen nicht nur wohlcharakterisierte Säuren der organischen Chemie eine spezifische Beziehung zur Karzinomzelle zeigen, sondern auch genau auf jene Atomgruppierung hingewiesen ist, die das Wesentliche an deren pathologischer Wirkung darstellt.

Wir standen jedesfalls vor der Tatsache, daß im Karzinomdarminhalt sich spezifische Substanzen nachweisen lassen, welche nach ihrer Einwirkung auf Sera die Eigenschaften vermehren, die wir für das Karzinom als charakteristisch anzusehen gelernt haben.

Herkunft der Karzinomzellen beeinflussenden Substanzen.

Damit schien uns der Beweis erbracht, daß eine Ursache der Änderung des pathologischen Verhaltens des Karzinomserums in Vorgängen des Karzinomdarms zu suchen sei. Unsere früheren Versuche ließen schließen, daß im Karzinomdarm ein vom normalen Darm verschiedener fermentativer bzw. bakterieller Vorgang besteht, durch welchen Substanzen entstehen, die durch ihren Eintritt in das Serum die Reaktion gegenüber Karzinomzellen vermehren bzw. erst hervorrufen.

Ohne auf die Art dieses Vorganges einzugehen und ohne Entscheidung darüber, welcher Art letzten Endes er ist, schien es uns wichtig, jene Bedingungen festzustellen, welche die Produktion dieser „Materia peccans" begünstigen, bzw. hemmen.

Der Weg hierzu schien uns am einfachsten dadurch gegeben, daß wir zunächst nachsahen, welche Nahrungsmittel die Produktion begünstigen. Dabei leitete uns folgende Überlegung: Wenn die Substanz nur durch Sekretion in den Darm ausgeschieden wird, so könnte bei der Zufügung von Nahrungsmitteln dieselbe nicht vermehrt werden. Wenn aber die Entstehung der Substanz eine Folge pathologischer Abbauvorgänge im Darm ist, so könnte eine Vermehrung konstatierbar sein. Als Repräsentanten der verschiedenen Gruppen der Nahrungsmittel haben wir versucht, einerseits Wittepeptonlösung, anderseits Butter, Stärkekleister und Kohlehydrate zum Darminhalt vor seiner Prüfung hinzuzufügen.

Wir haben also zu je 5 cm^3 Darminhalt 5 cm^3 Milch, Kleister, Butter, Kohlehydrate zugefügt, mit Vaselin überschichtet, 24 Stunden stehengelassen und die Proben nach Abheben der Vaselinschicht aufgekocht, mit etwa 10 cm^3 Wasser nachgewaschen, das Filtrat mit Na_2CO_3 neutralisiert und nun schließlich durch Zufügung von zwei Tropfen 10%iger Cl_2Ca-Lösung und vier Tropfen 10%iger phosphorsauren Natrons einen Kalzium-Phosphatniederschlag erzeugt, bei dessen Abfiltrierung sich ein klares Filtrat ergab. Von diesem Filtrat wurde 1 cm^3 zu 1 cm^3 Serum gegeben und eine Stunde bei 40° stehengelassen.

Das Ergebnis dieser Impfungen war folgendes: In den Kleisterproben war die Reaktion nur wenig different von der Reaktion der nativen Stuhlproben, in der Milchprobe und Butterprobe war die Reaktion eminent verstärkt; in der Peptonprobe fehlte sie gänzlich.

Wir haben nach dieser kardinalen Feststellung eine Reihe von verschiedenen Nahrungsmitteln in der beschriebenen Weise daraufhin geprüft, wie sie diese Substanzproduktion beeinflussen und insbesondere einerseits nach Nahrungsstoffen gesucht, die das wesentliche Material für die Erzeugung dieser Substanz darstellen, anderseits nach solchen, die eventuell die Produktion der Materia peccans zu hemmen vermögen.

Tabelle III soll eine Reihe solcher Versuche illustrieren.

Da es sich um Hunderte gleichsinniger Versuche handelt (die Versuche erstrecken sich auf etwa neun Jahre), haben wir davon abstehen müssen, alle einzeln in Tabellenform hier wiederzugeben und geben nur eine tabellarische Übersicht.

Tabelle 3.

Nahrungsmittel	Anzahl der Darminhalte Karzinomatöser	Stark positive Trübung	Positive Trübung	Keine Trübung	Aufhellung
Milch	102	84	17	1	0
Pepton	102	0	0	12	90
Mageres Rindfleisch . .	76	0	0	66	10
Kleber	78	0	0	60	18
Butter	102	96	4	0	0
Öl	56	0	0	13	43
Schweineschmalz . . .	102	60	38	0	0
Traubenzucker	86	0	6	80	0
Rohrzucker	96	0	79	17	0

Aus Tabelle III ergibt sich im wesentlichen, daß vor allem die Eiweißkörper und ihre Abbauprodukte kein Material für die Erzeugung dieser „Materia peccans" geben, daß die Gruppe der Kohlehydrate zum Teil sich neutral verhält — Rohrzucker eher unterstützend —, so daß jedenfalls eine auffallende Differenz zwischen Rohr- und Traubenzucker zu konstatieren war. Auch die Fette zeigen ein differentes · Verhalten. Während tierische Fette exzessive Vermehrung hervorrufen, blieb die Reaktion mit Öl negativ. Schließlich hat sich gezeigt, daß insbesondere Palmitin jene Substanz war, welche das reichliche Substrat für die Erzeugung dieser Substanz ergab. Palmitinsäure bzw. palmitinsaures Natron konnte das Palmitin nicht ersetzen. Vorläufig auffallend bleibt das Verhalten der Eier. Während bei Eidotter eine negative Reaktion zu erzielen war, war die Reaktion des Eiereiweißes positiv; Ovomuzin war an dem Ausfall dieser Reaktion unbeteiligt.

Kontrolluntersuchungen mit nicht karzinomatösem Darminhalt haben uns überzeugt, daß ein ähnliches Verhalten nach Zusatz von Nahrungsmitteln nicht zu konstatieren war.

Besonders lehrreich waren Versuche, die wir mit Dünndarminhalt von Sarkomkranken anstellten. Sie ergaben durchaus negatives Verhalten den Karzinomextrakten gegenüber, sowohl allein wie nach Zusatz aller oben angeführten Nahrungsmittel.

Somit scheint es uns berechtigt, in dieser Reaktion ein spezifisches Verhalten des karzinomatösen Darminhaltes anzunehmen.

So interessant uns diese Versuche erschienen, so mußten wir uns doch sagen, daß wir in denselben nur das Vorhandensein einer Substanz nachgewiesen hatten, die spezifische Trübungen mit Karzinomextrakten hervorzurufen imstande war, die wir wohl analog anderen Versuchen als Materia peccans anzusehen gelernt haben.

Doch besagen die Versuche nichts direkt über den Einfluß dieser Substanz auf die Karzinomzelle selbst.

Wir sind nun einen Schritt weiter gegangen und haben nachgesehen, wie sich Darminhaltsextrakt bzw. mit Nahrungsmitteln beschickter Darminhalt gegenüber der Zerstörung bzw. dem Schutz der Karzinomzelle selbst verhalten.

Es ergab sich eine neue Versuchsreihe, bei der wir Darminhaltsextrakte in der vorher beschriebenen Weise mit Nahrungsmitteln beschickten und die resultierenden Flüssigkeiten in bezug auf ihr Zerstörungsvermögen bzw. ihr Schutzvermögen der Karzinomzelle gegenüber prüften. Dabei gingen wir folgendermaßen vor: Die Darmfiltrate wurden in der üblichen Weise mit den vorher erwähnten Nahrungsmitteln gemischt und unter Vaselinabschluß 24 bis 48 Stunden belassen, hierauf wurden Proben zentrifugiert, das Vaselin abgehoben und mit den resul-

tierenden mehr oder minder klaren oberen Schichten der „Lösungs"-
bzw. der „Schutz"versuch mit Karzinomzellen angestellt.

In mehreren hundert Versuchen, die wir im Laufe der Jahre gemacht
haben, und die eine tägliche Arbeit in unserem Institut wurden, hat sich
gezeigt, daß sowohl Dünndarm- wie Dickdarminhalt Karzinomatöser
(auch Stühle, wenn sie frisch erhältlich waren) durch Belassung mit einer
Milchfett enthaltenden Lösung ein reichliches Schutzvermögen für
Karzinomzellen erzeugt.

Es war durch diese Versuche der direkte Nachweis erbracht, daß
durch gewisse Darmvorgänge des karzinomatösen Organismus Substanzen
erzeugt werden, die nicht nur Material zum Wachstum des Karzinoms
liefern können, sondern daß auch diese Substanzen die Karzinomzelle
zu schützen vermögen.

Dieses Ergebnis wurde um so bedeutungsvoller, als die Untersuchung
normaler Darminhalte unter ganz gleichen Verhältnissen nicht nur kein
Schutzvermögen, sondern die Existenz einer zellösenden Substanz nachweisen ließ[1]) (selbstverständlich wurden die Zellprüfungen bei Aus-
schluß jeglicher Bakterienwirkung angestellt).

Das spezifische Verhalten ließ sich dadurch erhärten, daß sich nachweisen ließ, daß dieselben Extrakte unter ganz gleichen Versuchs-
bedingungen weder den verschiedensten Organzellen noch Sarkomzellen
gegenüber ein Lösungsvermögen zeigten.

Analog der Trübungsreaktion haben wir auch mit Sarkomdarminhalt analoge Zellversuche angestellt. Das Resultat war folgendes:

Sarkomdarminhalt schützt Sarkomzellen, zerstört Karzinomzellen, läßt Organzellen unbeeinflußt.

Es ergeben sich also eine Reihe von neuen Erkenntnissen für die
Auffassung des karzinomatösen Prozesses:

Die Verdauungsvorgänge der bösartigen Tumoren Karzinomatöser
und Sarkomatöser unterscheiden sich von den normalen in einer spezifischen Weise. Spezifisch deshalb, weil sie nicht nur einen Unterschied
darstellen gegenüber dem normalen, sondern auch deshalb, weil die
Karzinomatösen vom Sarkomatösen sich unterscheiden, spezifisch auch
deshalb, weil Substanzen dabei erzeugt werden, welche einen spezifischen
Einfluß dadurch zeigen, daß sie die betreffenden Zellen vor Zerstörung
durch Normalsäure schützen; spezifisch auch deshalb, weil sie mit Substanzen des Serums Verbindungen eingehen, die eine besondere Selektion
gegenüber Bestandteilen der Karzinomzelle haben, so daß sie zu Trübungen
bzw. zu höheren Komplexen mit deren Extrakten zusammentreten. Diese

---

[1]) Die an anderer Stelle näher zu beschreibenden chemischen Untersuchungen haben die „Normaldarmsäure" als gesättigte Dikarbonsäure, die
„Karzinomdarmsäure" als ungesättigte Dikarbonsäure erkennen lassen.

Substanzen ließen sich auch außerhalb des Organismus zur Vermehrung bringen dadurch, daß wir Darminhalt des malignen Tumorträgers auf Nährflüssigkeiten überimpft haben, wobei es von kardinaler Wichtigkeit war, von welcher chemischen Art diese Nährflüssigkeit war. Es hat sich ein spezifischer Unterschied gezeigt zwischen Karzinom und Sarkom, indem bei Karzinom als wichtigste Quelle der Materia peccans Palmitin, bei Sarkom Pepton sich ergab. Die Entwicklung der pathologischen Substanzen ist sehr von den Milieuveränderungen abhängig, so daß das Zufügen anderer Substanzen ihre Entwicklung hemmen kann, wie z. B. durch reichlichen Peptonzusatz die Entwicklung der karzinomförderlichen Substanz gehemmt werden kann.

In normalem Darminhalt entsteht, insbesondere bei Verdauung von Fetten, eine gesättigte Dikarbonsäure — „Normaldarmsäure" —, welche ein ähnliches Zerstörungsvermögen für Karzinomzellen besitzt, wie die Normalsäure des Serums.

Im Darminhalt des Karzinomatösen ist unter gleichen Bedingungen das Entstehen dieser Säure nicht zu konstatieren, dagegen entsteht eine ungesättigte Dikarbonsäure, welche gleich dem Karzinomserum die Karzinomzellen vor der Zerstörung durch das Normalserum zu schützen vermag.

Diese Eigenschaft des Karzinomdarminhaltes ist spezifisch. Karzinomdarminhalt schützt nicht Sarkomzellen, sondern nur Karzinomzellen.

Im Gegensatz dazu schützt Sarkomdarm ausschließlich Sarkomzellen.

So auffallend diese Differenz ist, so konnten diese Verhältnisse entgegen unserer Ansicht derart aufgefaßt werden, daß diese so wichtige Substanz vom Serum ins Darmlumen auf Umwegen der Sekretion des Organismus gelangen, also eine Folge des Karzinoms waren. Diese Auffassung konnte durch den Nachweis widerlegt werden, daß sich durch Darminhalt des Karzinomatösen auch außerhalb des karzinomatösen Organismus die Erzeugung dieser Substanz erzielen läßt.

Dieser Nachweis hat sich durch Versuche erbringen lassen, die gezeigt haben, daß sich auch in der Eprouvette solche Karzinomzellen schützende Substanzen durch Einwirkung von karzinomatösem Darminhalt auf Fette, insbesondere auf Palmitin, stark vermehren bzw. erzeugen lassen, daß dagegen Eiweiß- bzw. Peptonreichtum der Entstehung dieser Substanz hinderlich ist.

Auch die Fette verhalten sich nicht gleichartig; so ist mit Hilfe des Öles die Substanz nicht zu erhalten.

Wir müssen also annehmen, daß jene Substanz, die wir nicht nur als eine charakteristische Schutzsubstanz der Karzinomzelle, sondern auch als das wichtigste Substrat der Aufbauvorgänge, wie sie in der

Karzinomzelle vor sich gehen, erkannt haben, im Darm des Karzinomatösen erzeugt wird, und zwar aus derselben Substanz, aus der im normalen Darm eine Substanz hervorgeht, die Karzinomzellen zerstört. Es ist also im Darm des Karzinomatösen eine Anomalie nachgewiesen, die unabhängig von der Existenz des Karzinoms eine Lipoidsubstanz, die als Grenzschutz der normalen Zelle angesehen werden muß, an ihrer Entstehung verhindert und an Stelle derselben eine pathologische Substanz erzeugt, die erstens die Wirkung der normalen Säure neutralisiert, und zweitens als ungesättigte Fettsäure sich mit Globulinen verbindet, die mit Kohlehydraten Materialkomplexe für das Wachstum des Karzinoms aufbauen. Diese Verhältnisse erklären auch den scheinbaren Widerspruch zwischen den Angaben über Kohlehydratzerstörung und Kohlehydratverwendung zum Wachstum bei Karzinom.

Die Zufuhren von normalem Zucker werden von den Zellen zwar adsorbiert, aber dann zerstört, die durch den pathologisch arbeitenden Darmkanal veränderten Kohlehydrate der Ernährung werden zum pathologischen Aufbau verwendet. Es handelt sich also nicht um Zerstörung oder Aufnahme von Kohlehydrat kat'exochen, nicht um Positiv- oder Negativwerden der Kohlehydratbilanz, sondern um Zerstörung des normalen Kohlehydrates und Aufnahme eines pathologisch veränderten.

Und indem der karzinomatöse Organismus eine solche Pathologie der Nahrungsstoffe durch seine erkrankte Darmverdauung schafft, legt er den Grund dazu, daß normale Gewebe ungünstige Ernährungsverhältnisse, pathologische Zellen aber günstige Ernährungsverhältnisse finden.

Diese Tatsachen erscheinen uns deshalb so bedeutungsvoll, weil sie vor allem eine Analogie bilden zu der wesentlichen klinischen Erscheinung des Karzinoms, daß nämlich die normalen Zellen zugrunde gehen und eine pathologische Zelle zur gleichen Zeit wuchert; eine Analogie, die darin besteht, daß durch pathologische Darmverdauung das Material für die normale Zelle vernichtet wird, während durch pathologische Tätigkeit im Darm pathologisches Zellersatzmaterial geschaffen wird. In dieser Änderung des Zellaufbaumaterials scheint uns die faßbare Grundlage für die Disposition des Karzinoms gelegen.

Der Nachweis einer solchen Änderung des Darm-Chemismus bei Karzinomatösen zwingt zu der Annahme, daß tagtäglich mit der Darm-Verdauungstätigkeit (gleichgültig, ob sie körperfremde oder körpereigene Substanz betrifft) eine je nach der Intensität der Anomalie verschieden große Menge von Materia peccans an Stelle normaler Abbauprodukte in den Körper gelangt; eine Annahme, die zwar begreiflich erscheinen läßt, daß manchmal das Karzinom so erschreckend rasch wächst, aber eine gewisse Schwierigkeit für jene Fälle bietet, bei denen nach radikaler Exstirpation jahrelang oder überhaupt keine Rezidive erfolgt.

Was geschieht in solchen Fällen mit der durch die Operation nicht entfernten Anomalie der Darmtätigkeit resp. mit den Produkten derselben?

Wir haben zur Feststellung dieser Verhältnisse nachgesehen, ob nicht im Urin der Karzinomatösen eine Ausscheidung solcher Karzinomzellen schützender Substanz erfolgt.

Den Nachweis einer Karzinomzellen alterierenden Substanz im Urin stand vor allem die Schwierigkeit entgegen, daß die Vornahme der Zellprüfung nach Art der Serumprüfung keine Aussicht bot, da in wenigen Tropfen Urin nicht eine dem Serum gleiche Fähigkeit zu vermuten war.

Wir sind deshalb, um größere Mengen Urin zur Einwirkung auf die Zellen zu bringen, folgendermaßen vorgegangen:

In einer Zentrifugiereprouvette werden zu 1 cm^3 ganz frischen, zentrifugierten Urin von normaler Konzentration 1 Tropfen der usuellen Karzinom-Zellaufschwemmung gegeben, 2 Tropfen 3 % Trikresollösung und dann 1 Tropfen der Mischung in der Kammer gezählt. Nach dieser Feststellung der Zellzahl wurde zu der Mischung noch eine Mischung von 9 cm^3 Urin, 1 cm^3·3 % Trikresollösung gegeben und dieses Gemisch 24 Stunden bei 40⁰ stehen gelassen. Nach dieser Zeit wurde die Eprouvette wieder zentrifugiert und vorsichtig 10 cm^3 der überstehenden zellfreien Flüssigkeit abgesaugt. Die Zählung der Zellen in der zerstörenden Flüssigkeitsmenge, die ebenso groß wie bei der Zählung am Vortage war, ergab dann das Resultat der Zellveränderung, die die ganzen 10 cm^3 Urin bewirkt hatten.

Bei genauer Einhaltung dieses Verfahrens hat sich ergeben, daß ebenso wie bei dem Serum ein Unterschied im Verhalten gegenüber Karzinomzellen auch bei Urinen existiert.

Normale Urine zeigen, wenn auch nicht durchwegs, doch in zirka 80% ein Zerstörungsvermögen gegenüber Karzinomzellen, während in Urinen von Karzinomatösen dieses Vermögen fast vollständig fehlt, ja, im Gegensatz davon ein Schutzvermögen für Karzinomzellen, das in ähnlicher Weise, wie den Seren Schutzreaktion untersucht wurde, in 70 bis 80% der Fälle sich nachweisen läßt.

Diese Tatsachen gestatten, unsere Auffassung dahin zu ergänzen, daß die die Materia peccans darstellende ungesättigte Fettsäure ganz so, wie andere Nahrungsprodukte, den Körper passieren; so lange der Organismus nur gesunde Zellen mit normaler Selektionsfähigkeit hat; findet die Substanz keine Aufnahme oder wird sogar bei der Passage teilweise zerstört, und nur was übrig bleibt, verläßt den Körper auf dem Wege des Urins. Nur dort, wo Zellen sind, die durch chronischen Reiz nebst anderen epithelspezifischen Substanzen mehr an Normalsäure verbraucht haben resp. verbrauchen, als sie ersetzt bekommen und dadurch ihr normales Selektionsvermögen verloren haben, dort kann — die ungesättigte Säure als Ersatzstoff in die Zelle eintreten, sich fixieren und damit den Boden für weitere falsche Assimilationen geben.

Wenn somit nach radikaler Operation in so verschieden langer Zeit oder auch gar nicht Rezidiven erscheinen, obwohl die Erzeugung der Materia peccans im Darm ungestört weitergeht, so ist dies kein Gegengrund gegen die Annahme deren primärer Wichtigkeit.

Eine lokal stark disponierte Stelle ist entfernt worden und es bedarf, wenn nicht unerkannte Keime zurückgeblieben sind, erst der Entstehung einer neuen chronisch gereizten normalsäureverarmten lokalen Stelle zur Etablierung des Karzinomwachstums. Freilich, selbst wenn eine solche durch besonderen chronischen Reiz nicht erzeugt wird, kann unter Umständen eine Entstehung des Karzinoms erfolgen. Und das hängt von der Größe der pathologischen Verhältnisse im Darmkanal ab.

Wenn dort die Änderung z. B. nur 10 bis 30% beträgt, so bleiben noch mindestens 70% der Normalsäure zur Ergänzung des Normallipoidbedarfes übrig und bei mäßigem Bedarf der Zellen kann hiebei das Auslangen gefunden werden, die Ersatzsäure wird nicht benützt, das Karzinom entwickelt sich nicht.

Ist aber oder wird die Änderung in der Verdauungs-Tätigkeit größer, schwinden z. B. 70% der Normalsäure, dann muß nach einiger Zeit auch bei dem normalsten Bedarf der Zellen an Normallipoid ein Defizit entstehen und damit die Möglichkeit der Etablierung des primären oder rezidivierenden Karzinoms.

Ob diese Etablierungen in diesem oder jenem Epithelgebiet, diesem oder jenem Organ erfolgen, ist — in chemischer Beziehung natürlich — auch von dem Verluste resp. Bedarf anderer Epithel- respektive organspezifischer Substanzen abhängig, die nicht als wesentlich, sondern als eine Art zweitwichtige Folge der Verdauungs- resp. Organbedarfs-Anomalie einhergehen.

Die Verschiedenheiten in der Produktion der Materia peccans von Seite des Darmkanales lassen es auch verständlich erscheinen, wenn selbst histologisch gleichartige Karzinome teils ganz verschiedene Wachstumtendenz zeigen, teils selbst bei einem Individuum zeitweise Wechsel in der Entwicklungsgeschwindigkeit haben.

So würden die verschiedenen klinischen Erscheinungsweisen des Karzinoms mit dieser Auffassung vereinbar sein.

Trotz dieser auf dem Boden von Tatsachen gewonnenen Feststellungen sind wir uns klar darüber, daß ein Nachweis in der Reihe unserer Versuche für die Disposition von uns noch nicht erbracht ist.

Es ist uns noch nicht gelungen, diesen Zustand experimentell als Vorbedingung für die Entstehung des Karzinoms zu erweisen. Es kann kein Zweifel sein, daß solche Versuche durchgeführt werden sollen.

Wenn wir aber den jetzigen Stand unserer Erkenntnisse für sehr bedeutungsvoll halten, so geschieht dies aus folgender Überlegung. Wenn man auch unseren Ausführungen einwenden könnte, daß, trotzdem wir eine Materia peccans im Darm gefunden haben, trotzdem diese Materia peccans normales Serum so verändert, daß es vom karzinomatösen nicht zu unterscheiden ist, daß das wirkliche Geschehen im Organismus nicht damit nachgewiesen sei, so ist etwas in unseren Erkenntnissen über jede Diskussion erhaben; es ist der Nachweis, daß bei Verdauungsvorgängen des Darms des Karzinomatösen die Entstehung der normalen „Darmsäure" verändert ist, und es ist zweifellos, daß geeignete Nährmateriale die Anomalie beseitigen können.

Wenn die erste Tatsache notwendigerweise den Boden für einen Gewebswechsel schafft, indem sie einen normalen Zellgrenzschutz beseitigt, so zeigt uns die zweite Erkenntnis den Weg, auf dem die weitere Forschung sich wird bewegen müssen.

7. Kapitel.

Schlußbetrachtungen.

Wenn der modern geschulte Arzt von Karzinom spricht, dann schwebt ihm das histologische Bild desselben vor Augen und bei den diesbezüglichen eingefahrenen Bahnen bewegen sich alle Gedanken über Genese und Ätiologie des Karzinoms in den Formvorstellungen des Bindegewebs- und des Epithelwachstums.

Für den pathologischen Chemiker aber ist das Karzinom ein substantielles Problem; das Bindegewebe ist ein chemischer Betrieb mit Hauptbeteiligung von Glykokoll, das Epithel ein solcher von viel komplizierteren Eiweißkörpern mit einem besonderen Einschlag von Lipoid und Kohlehydraten und der karzinomatöse Prozeß stellt sich als die Erkrankung dar, bei der im Gegensatz zu dem Substanzschwund des größten Teiles des Körpers an einer Stelle ein einseitiger systemloser Substanz-Anbau stattfindet.

Es ist nun kein Zweifel, daß die Histologie die Grundlage unseres ganzen pathologischen Wissens ist, und es soll nicht im mindesten die Bedeutung dieser Richtung und ihres Ausbaues geschmälert werden, aber wenn es darauf ankommt, den Kampf gegen eine Erkrankung zu führen, dann scheint die „substantielle" Auffassung als Ergänzung nicht nur nötig, sondern auch hoffnungsreicher; denn, was immer wir über die Tendenzen von Bindegewebe oder Epithel feststellen — so fehlt uns heute und wohl noch für geraume Zeit jede Handhabe der willkürlichen Beeinflussung von Bindegewebe oder Epithel.

Wenn wir aber von irgend einer Substanz, sei es der oder jener Baustein, feststellen, daß sie zu viel oder zu wenig vorhanden sei, oder ein Anbau vermehrt oder vermindert sei, dann ist trotz aller noch vorhandenen Problemschwierigkeiten doch eine Möglichkeit schon jetzt vorhanden, Zufluß der Substanz oder Stärke der chemischen Funktion zu beeinflussen.

Außer der histologischen Hemmung mag noch eine andere weitverbreitete Auffassung der „substantiellen" Betrachtung hemmend entgegentreten, die Annahme: das Aktive in diesem Krankheitsprozesse ist der feindliche Keim, oder die Infektion, oder der chronische Reiz, dem der Organismus hilflos erliegen müsse.

Aber auch diese „Hemmung" scheint uns nicht berechtigt; denn bei jeder der angeführten vermeintlichen Ursachen ist die Mitarbeit des Organismus von bestimmendstem Einflusse.

Wenn der Keim erst nach vielen Jahren zu wuchern beginnt, so muß der Organismus jahrelang Hemmungsmittel besessen haben und wenn Übertragungen von Mensch zu Mensch nicht zu konstatieren sind, muß der normale Organismus gegen die Infektion geschützt sein, und wenn der gleiche Reiz, ob Teer, Rauch oder chronisches Geschwür, doch nur bei einem relativ geringen Prozentsatz der in Frage kommenden Individuen Karzinom nach sich zieht, so muß eben noch etwas Individuelles hinzukommen, was gerade dieser Stelle den Vorrang in der Ernährung gibt, es ist daher schließlich doch ein substanzielles Problem vorhanden. Entsprechend einer solchen Auffassung mag wohl vor allem eine möglichst vollständige chemische Analyse der Tumoren erwartet werden. Wenn dies — trotzdem solche Untersuchungen naturgemäß die Grundlage gebildet haben — nicht der Fall ist, so ist dies in dem prinzipiellen Fehler begründet, an dem alle solche chemisch-analytische Organuntersuchungen leiden.

Wir finden Veränderungen gegenüber der Norm, von denen wir — abgesehen davon, daß sie gewöhnlich nur grober Natur sind — nie wissen, ob es sich um ursächliche und nicht vielmehr Folgeerscheinungen des krankhaften Prozesses handelt.

Der einzige Weg bei der chemischen Untersuchung, die wesentlichen Veränderungen von den unwesentlichen zu unterscheiden, besteht in der Zuhilfenahme eines biologischen Experimentes, das wie eine Reaktion die Frage beantworten kann: Ist diese Substanz, ist diese Veränderung von Einfluß oder nicht?

Eine solche Reaktion stellt nun die von uns angewendete zytolytische Karzinomreaktion dar, die, indem sie mit den Reagenzmitteln des Organismus zu prüfen erlaubt, was die Karzinomzelle zerstört oder vor Zerstörung schützt, mit einer gegenüber dem Impfversuch besonders dankenswerten Schnelligkeit gestattet, Blut, Organe, Tumor auf solche

Wirkungen zu untersuchen und so schrittweise jede Substanz zu isolieren, die in dieser Beziehung von wesentlicher Bedeutung ist.

Wir haben mittels dieser Reaktion feststellen können, daß ein Unterschied zwischen dem Serum Karzinomatöser und Nichtkarzinomatöser gegenüber Karzinomzellen besteht, darin gelegen, daß nicht nur Normalserum eine Substanz besitzt, die Karzinomzellen zu lösen imstande ist — eine Substanz, die dem Karzinomserum fehlt — sondern daß anderseits das Karzinomserum eine ganz neue spezifische Substanz besitzt, die dem Normalserum entgegenwirkt, die Karzinomzellen sogar gegen die Zerstörung durch Normalserum in hervorragendem Maße zu schützen vermag.

Wir haben in Fortführung dieser Versuche feststellen können, daß Substanzen solcher Wirkung sich auch in Organen nachweisen lassen, indem Extrakte von Organen Normaler ein reichliches Zerstörungsvermögen für Karzinomzellen, die Organe Karzinomatöser ein davon verschiedenes Verhalten zeigten. Während im Karzinom selbst (so lange es nicht zerfallen ist) wie auch im Muttergewebe desselben eine karzinomzellenzerstörende Wirkung sich nicht nachweisen läßt, kann man in den Organen der Karzinomatösen, die nicht an Karzinom erkrankt sind, im Frühstadium des Karzinoms noch Zerstörungsvermögen nachweisen, während dasselbe im Spätstadium des Karzinoms erloschen ist.

Überdies zeigt das Karzinom selbst, wie dessen Mutterorgan in seinen Extrakten, noch die Fähigkeit, die Karzinomzellen vor Zerstörung durch Normalserum zu schützen.

Der gefundene Gegensatz der Wirkung auf Karzinomzellen läßt sich nach unseren weiteren Untersuchungen als ein spezifischer ansehen, weil sich die Zerstörungsfähigkeit vor allem gegenüber anderen — normalen — Organzellen nicht nachweisen ließ und weiters ein eklatanter Unterschied zwischen Karzinom- und Sarkomzellen in dieser Beziehung zu konstatieren war.

Normalserum zerstört zwar Karzinom, wie Sárkomzellen; Karzinomserum aber, das Karzinomzellen vor Zerstörung schützt, zerstört dagegen Sarkomzellen.

Durch schrittweise Anwendung der zytolytischen Reaktion haben sich schließlich auch alle diesen verschiedenen Fähigkeiten zugrunde liegenden Substanzen isolieren lassen.

Die lösende Substanz ist eine gesättigte Dikarbonsäure-Verbindung. Die schützende Substanz des Karzinomserums ist ein pathologisches Nukleoglobulin, das sich durch einen speziellen Gehalt an Kohlehydrat und einer ungesättigten Fettsäure von normalem Nukleoglobulin unterscheidet. Der Nachweis dieser Gegensätzlichkeit zwischen Norm und Erkrankung bot aber keinen Anhaltspunkt dafür, diesen Unterschied als einen disponierenden anzusehen; es hätte ja dieses

Verhalten auch ein Folgezustand der Tumorentätigkeit sein können. Die Fortführung unserer Studien hat aber eine Reihe von Stützpunkten dafür erbracht, daß wenigstens in dem Mangel der normalen Dikarbonsäure ein Teil jener Disposition gelegen sei, zu deren Annahme auch klinische Erfahrung drängt.

Sprechen wir doch von prädisponierten Stellen, sei es embryonaler oder pathologischer Herkunft, also von einer lokalen Disposition, wozu die Berechtigung weniger in der relativ häufigen Entwicklung von Tumoren an solchen Stellen gelegen ist, als in der Beobachtung, daß die Exstirpation einer solchen auch schon karzinomatös gewordenen Stelle von radikaler Heilung gefolgt sein kann.

Wir haben nun bei Untersuchung solcher für Karzinom prädisponierenden Stellen, wie Ulcus ventriculi oder Ulcus cruris, nachweisen können, daß das normale Zerstörungsvermögen gegenüber Karzinomzellen an solchen Stellen verloren gegangen ist, und wir müssen diese Änderung, die ja unabhängig vom Karzinom geschieht, als eine disponierende auffassen.

Wir haben weiters das Eintreten dieses Normalsäureverlustes durch prädisponierende Reize, z. B. toxische Röntgenbestrahlung, unter unseren Augen an exstirpierten Hautstückchen nachweisen und schließlich bei chronischer Teereinwirkung auf Ratten in vivo beobachten können.

Wir dürfen darum den Verlust der Normalsäure als eine vom Karzinom unabhängige und ihm vorangehende, und zwar als die lokal disponierende Änderung ansehen, weil die Hinzufügung der Normalsäure allein zu den gereizten Stellen denselben wieder die normale Zerstörungsfähigkeit gegenüber Karzinomzellen verleiht.

Wir möchten dieselbe als den Träger der lokalen Disposition ansehen. Man spricht aber klinisch noch von einer anderen Disposition für Karzinom, von der Altersdisposition. Auch hier hat die Benützung der zytolytischen Reaktion den Zusammenhang aufgeklärt.

Die Untersuchungen haben erwiesen daß die Zerstörungsfähigkeit des Säuglingsblutes 20—25mal stärker ist als des Blutes im Greisenalter, und daß die Zerstörungsfähigkeit im Greisenblute eigentlich schon eine untere Grenze des Zerstörungsvermögens darstellt, weil das Serum des Greises nicht mehr verdünnt werden kann, ohne das Zerstörungsvermögen einzubüßen, während das Serum der normalen Menschen trotz doppelter Verdünnung noch Zerstörung gegenüber Karzinomzellen zeigt.

Es hat sich demnach eine Parallele zwischen der klinischen Beobachtung der Altersdisposition und der Höhe der Karzinomzellzerstörungsfähigkeit von seiten des Blutes ergeben.

Weiters haben die Untersuchungen gezeigt, daß insbesondere das Thymusgewebe ein andere Gewebe weit überragendes Zerstörungsvermögen gegenüber Karzinomzellen besitzt, das bei Injektion das Zerstörungsvermögen auch im fremden Organismus steigert.

Es ist daher sehr naheliegend, die Abnahme des Zerstörungsvermögens mit dem zunehmenden Alter auf die Abnahme der Thymuswirkung zu beziehen.

So wäre dann die Altersdisposition auf die verminderte Erzeugung der Normalsäure auf dem Wege der Thymus zu beziehen, weil durch deren verminderte Produktion bewirkt wird, daß chronische lokale Reize eher als im jugendlichen Alter zum Verlust dieser Säure führen. So ergibt sich, daß in allen Fällen, wo wir klinisch von Disposition sprechen, sich eine Abnahme, resp. der Verlust der Normalsäure zeigt, und wir müssen darin das Wesen der lokalen Disposition, resp. der Altersdisposition sehen.

Aber die Annahme dieses Normalsäuredefizites, der Disposition von seiten des geschwächten Organismus allein, erklärt uns bekanntlich nicht vollständig das Auftreten des Karzinoms.

Wie schon erwähnt, wird von den zahllosen Rauchern, von der Gesamtheit der Teerarbeiter, nur ein geradezu geringfügiger Teil karzinomatös, obwohl der größte Teil doch die durch den chronischen Reiz disponierte Stelle hat und eigens darauf gerichtete umfängliche Beobachtungen, z. B. bei den Teerarbeitern, keinen Unterschied in der Art des Reizes zugunsten des Erkrankten erkennen ließen.

Selbst die überimpften Karzinome, die doch sicherlich eine solche lokale Stelle darstellen, und wie wir nach unseren Versuchen annehmen dürfen, dadurch schädigen, daß sie die Normalsäure ihrer Umgebung und der dortselbst stagnierenden Säfte vermindern, vermögen sich nur im erkrankten Organismus oder im geeigneten Tier zu erhalten und zu wachsen. Selbst die Angaben der oft 100% Erfolge beim Teerkarzinom müssen dahin korrigiert werden, daß die 100% nur 16—20% bedeuten, da meist nur die überlebenden Tiere gezählt wurden. Im nicht karzinomatösen Organismus oder im nicht geeigneten Tier führt der Kampf zwischen der Karzinomzelle und der Normalsäure des Organismus zur Auflösung des Tumors.

Anderseits muß man in Fällen, wo erst fünf bis zehn Jahre nach Radikaloperation wieder Rezidive auftritt, wenn man nicht eine zweite Infektion annimmt, zum mindesten annehmen, daß der Organismus imstande war, das frühere Aufflackern des Prozesses hintanzuhalten.

Es muß also im karzinomatösen, resp. dazu disponierten Organismus noch etwas außer der lokalen Stelle, resp. dem Normalsäuremangel sein, was den Kampf für das Karzinom günstig gestaltet, und das müßte man als allgemeine Disposition bezeichnen können. Es wurde dadurch die Aufklärung der Schutzwirkung des Organismus für das Karzinom in den Vordergrund unseres Forschungsinteresses gerückt. Worin besteht diese Schutzwirkung, woher stammt sie? Auch bei Lösung dieser Frage hat uns die zytolytische Reaktion den Weg gewiesen. Wenn das Normalserum die Karzinomzellen durch Lösung zerstört, so lag es nahe, daß das Karzinomserum bei seiner entgegengesetzten Wirksamkeit einen der Lösung entgegengesetzten Effekt, einen Niederschlag bewirkt, und wir haben daher nachgesehen, ob das Schutzvermögen des Karzinomserums nicht darin seinen Grund habe, daß zwischen Karzinomzelle und Karzinomserum der Gegensatz der Lösung: die Bildung eines Niederschlages, erfolge.

Die daraufhin vorgenommenen Untersuchungen haben ergeben, daß wässerige Extrakte von Karzinomtumor mit Karzinomserum Trübungen ergeben; die Trübungen sind spezifisch, da Sera anderer Kranken und insbesondere auch Sarkomkranker solche Trübungen mit Karzinomextrakt nicht nur nicht hervorrufen können, sondern im Gegenteil sogar wieder in Lösung bringen.

Die chemische Untersuchung dieser Trübungserscheinung hat ergeben, daß sie sich abspielt zwischen einer Kohlehydratsäureverbindung des Karzinoms und dem Nukleoglobulin des Karzinomserums.[1])

Beide Partner erwiesen sich als Verbindungen einer pathologischen, bisher unbekannten, ungesättigten Fettsäure und es stellte sich heraus, daß man normalem kolloidalen Kohlehydraten und ebenso normalem Nukleoglobulin durch Einwirkung der ungesättigten Säure das zellspezifische Verhalten der betreffenden Karzinomsubstanz verleihen konnte. Der Einblick in diese Natur der Schutzreaktion hat uns nun noch einen Schritt weiter machen lassen.

Die Bildung dieser Niederschläge war nicht einfach Folge der Abspaltung von Wasser, sondern die Folge des Zusammentretens zweier Substanzen zu einem größeren Komplex; es war ein Aufbau von Substanz und die Schutzreaktion ward uns dadurch zur Aufbaureaktion.

Wir haben nun nachgesehen, ob dieser Aufbau der normalen Aufbauselektion entspreche, wie sie normale Zellen zeigen, oder etwas anders geartet sei und haben Versuche darüber angestellt, wie Nährsubstanzen, die den Karzinomzellen geboten werden, von denselben aufgenommen, adsorbiert werden.

Eine Möglichkeit klarer Erkenntnis hiefür bot sich uns in der Gegenüberstellung von Karzinom- und Sarkomzellen.

Wenn man Karzinom- und Sarkomzellen getrennt, aber in völlig gleichen Nährlösungen, in denen ihnen Kohlehydrate, Pepton, Nuklein,

---

[1]) Bei Sarkom: zwischen Pseudoglobulin und einer Peptonsäureverbindung.

Lezithin zur Verfügung stehen, einige Stunden beläßt, dann kann man einwandfrei feststellen, daß im Gegensatz zum Verhalten normaler Zellen die Karzinomzellen hauptsächlich Kohlehydrate, die Sarkomzellen hauptsächlich Pepton anziehen und in sich festlegen.

Diese Zelltätigkeit läßt sich auch an den Tumorenextrakten nachweisen.

Wenn wir die vorhin erwähnten Trübungsversuche zwischen Tumorextrakt und Serum anstellten, nachdem wir den Seris vorher die gleichen Nährlösungen zugefügt hatten, so gingen in den Niederschlag bei Karzinom Kohlehydrate, in den Niederschlag bei Sarkom Pepton besonders reichlich hinein.

Es zeigt sich demnach bei diesem Substanzaufbauprozeß ein spezifisches, einseitiges, atypisches Selektionsvermögen für Nährstoffe.

Einen noch weiteren Einblick in die Empfindlichkeit und den Weg dieser spezifischen Selektion lieferte das Verhalten normaler und karzinomatöser Sera gegenüber reinen und mit karzinomatöser Darmsäure veränderten Glykogenlösungen.

Reine Glykogenlösungen bleiben im Normalserum unverändert, im Karzinomserum werden sie verzuckert und weiter zerstört. Glykogenlösungen aber, die vorher mit Darminhaltsäure von Karzinomen behandelt sind, werden von normalem Serum verzuckert und bleiben im Karzinomserum unverändert; d. h.: im strikten Gegensatz zum normalen Verhalten wird normales Glykogen vom Karzinomserum zerstört, das spezifisch veränderte Glykogen aber für die weitere Zellverwendung unabgebaut erhalten.

In diesem Beispiel erscheint nun die materielle Grundlage dafür gegeben, daß das Wachstum bei den Geschwülsten einen Gegensatz zum Gedeihen des anderen Organismus bildet. Das normale Glykogen, ein Baustein normalen Gewebes, wird vorzeitig zerstört, das pathologische Glykogen bleibt erhalten. Mit dem Nachweis dieses atypischen und einseitigen Verhaltens bei Substanzaufbauprozessen wurde die Frage nach der Ursache und der Quelle dieser Veränderung zur wichtigsten Aufgabe.

Man könnte sagen: Dieser einseitige, pathologische Substanzaufbau ist eine Folge der Vergiftung durch das Karzinom, die Säure stammt aus dem Karzinom und macht pathologische Verknüpfungen des dem Aufbau zuströmenden Aufbaumateriales.

Die Berücksichtigung aller Verhältnisse lehrt uns aber anderes und insbesondere lehrreich sind in dieser Frage die klinischen Verhältnisse beim Ösophaguskarzinom. Wenn eine solche Umbildung des Körpermateriales zum Material für Karzinom erfolgen könnte, dann müßte das insbesondere beim stenosierenden Ösophaguskarzinom der Fall sein, wo besonders reichlich Körpereiweiß zum Einschmelzen gelangt.

Nun ist aber zweifellos, daß gerade beim stenosierenden, also hungernden Ösophaguskarzinom, selbst bei vielmonatlichem Bestande, die Tumoren klein sind, während anderseits große Tumoren besonders oft nur bei gut erhaltener Ernährung zu sehen sind. Das läßt den wichtigen Schluß zu, daß das Karzinom sich nicht aus dem übrigen Körpermaterial sein Aufbaumaterial präparieren kann, sondern daß dieses Material aus der Außennahrung stammen müsse. Diese Erwägungen haben uns darauf gewiesen, die Darmverdauungsverhältnisse bei Karzinomatösen, insbesondere in bezug auf die Entstehung der spezifischen Materia peccans, der karzinomatösen Schutzsubstanz zu untersuchen.

Das Ergebnis dieser mühsamen und jahrelang durchgeführten Versuche war, daß das Zufügen eines Wasserextraktes des Dünndarminhaltes von Karzinomatösen zu Normalserum, dieses so verändert, daß es bezüglich der karzinolytischen und ABDERHALDEN schen Reaktion nicht vom karzinomatösen Serum zu unterscheiden war.

Ein so behandeltes Serum gibt spezifische Trübungen mit Karzinomextrakt, es schützt Karzinomzellen gegen Zerstörung durch Normalserum und gibt ABDERHALDEN sche Reaktion, es enthält karzinomatöses Nukleoglobulin; anderseits ist Zusatz von Normaldarminhaltextrakt zu Normalserum in dieser Beziehung wirkungslos, während Darminhalt von Sarkomfällen bei Zufügung zur Normalserum zwar auch keine karzinomspezifischen Eigenschaften verleiht, wohl aber die analogen Schutzkräfte gegenüber Sarkomzellen.

Es war damit nachgewiesen, daß im Darm der Karzinomatösen resp. Sarkomatösen eine spezifische Substanz vorkomme, die krankhaften Materialaufbau veranlasse.

Damit war die Frage nach der Ursache der Änderung beantwortet, aber noch nicht die Frage nach der Quelle; man hätte annehmen können, daß die Substanz nicht im Darme entstehe, sondern vom Tumor aus dahin ausgeschieden werde. Um diesen letzten Zweifel zu beheben, sind wir daran gegangen, diese Substanz außerhalb des Körpers in der Eprouvette — also sicherlich unabhängig von der Funktion der Tumoren — sich entwickeln zu lassen. Wir haben zu diesem Zweck mit dem Darminhalt Nährlösungen beimpft und unter Vaselinabschluß bei 40⁰ tagelang belassen. Dabei hat sich vor allem ergeben, daß tatsächlich die spezifische Schutzfähigkeit, resp. die Schutzsubstanz sich außerhalb des Organismus vermehren läßt. Diese künstliche Produktion der Schutzsubstanz hat uns erwünschte Gelegenheit gegeben, dieselbe in so großer Menge zu erzeugen, so daß wir der chemischen Natur nähertreten konnten. Es ist eine ungesättigte Dikarbonsäure vom Molekulargewicht über 300, mit einer Doppelbindung und zeichnet sich durch einen intensiven, ranzigen Geruch und starke Labilität aus.

Es hat sich weiter feststellen lassen, daß diese Vermehrung nicht wahllos aus jedem Nährmedium sich erzielen läßt, sondern daß es besonders fettreiche Nahrungsmittel sind, die die Quelle abgeben: Fette, Milch, Schlagobers usw., und es hat sich schließlich ergeben, daß es insbesonders Palmitin ist, das zur Vermehrung der Substanz führt; weder Palmitinsäure noch palmitinsaures Natron genügen hiefür, dagegen ist die Substanz aus Öl nicht zu erzeugen.

Eiweißkörper, sowie deren Abbauprodukte, stellen kein Material für die Vermehrung dar mit alleiniger Ausnahme von Ovalbumin. Auch Kohlehydrate stellen nicht eigentlich das Material dar, doch scheint eine unterstützende Milieuwirkung wohl durch Säurebildung, insbesondere von seiten des Rohrzuckers und Milchzuckers, vorzuliegen.

Das Spezifische dieser Darmwirkung ging aus Versuchen hervor, bei denen derselbe Impfvorgang mit dem Darminhalt Sarkomatöser versucht wurde.

Es resultierte keine Schutzwirkung für Karzinomzellen; dagegen ließ sich, wenn wir auf Peptonlösungen impften, Vermehrung des Schutzvermögens gegenüber Sarkomzellen erzielen.

Ein Ergebnis von ganz besonderer Bedeutung haben schließlich Versuche ergeben, bei denen wir die erwähnte Fettnährlösung mit N o r m a l darminhalt impften und statt auf Schutzvermögen auf Lösungsvermögen gegenüber Karzinomzellen untersuchten.

Es zeigte sich, daß aus solchen Nährlösungen und speziell aus Palmitin eine spezifisch karzinomzellenlösende Substanz entsteht, deren chemische Analyse als gesättigte Dikarbonsäure erkennen ließ.

Fassen wir die Ergebnisse dieser Darmuntersuchungen zusammen, so ergibt sich:

Der normale Darmverdauungschemismus erzeugt aus Fetten und insbesondere aus Palmitin normale Dikarbonsäureverbindungen, die gegenüber Karzinomzellen ein hervorragendes Zerstörungsvermögen besitzen und chemisch zur selben Reihe wie die zellzerstörende Säureverbindung des Normalserums, resp. zum Lipoidschutz der normalen Zelle gehören. Der Verdauungschemismus des Darmes bei Karzinomatösen erzeugt statt dessen aus demselben Material mehr minder große Mengen ungesättigter Dikarbonsäureverbindungen, die die Wirkung der Normaldikarbonsäure neutralisieren, die Karzinomzellen gegen Zerstörung durch Normalserum schützen, indem sie mit Nukleoglobulinen und Kohlehydraten zu größeren Komplexen zusammentreten, die eine spezifische Anziehung zur Karzinomzelle zeigen, und daher als spezifische Baummaterialien für dieselbe angesehen werden können.

Diese Tatsachen erscheinen uns deshalb so bedeutungsvoll, weil sie vor allem in ihrer Gegensätzlichkeit eine Analogie bilden zu der wesentlichsten klinischen Erscheinung des Karzinoms: daß nämlich die normalen Zellen zugrunde gehen und eine pathologische Zelle zu gleicher Zeit wuchert, denn jenen Stellen des Organismus, an denen infolge von chemischer Reizung eine starke Zufuhr von Nähr-, resp. Gerüstsubstanz nötig ist, wird diese ausbleiben, während allerdings untaugliches Ersatzmaterial geliefert wird.

Diesen Anschauungen steht wohl ein Grundsatz entgegen: der von der Selektionsfähigkeit der Zelle, demzufolge die Zelle sich selbst ihre Nährsubstanzen auswählt.

Dieser Grundsatz kann aber nur dort sich betätigen, wo die Substanzen vorhanden sind; wenn aber die Zelle beim besten Willen die für ihren Bestand nötigen Substanzen nicht anziehen kann, weil dieselben überhaupt nicht oder nicht in genügender Konzentration zur Verfügung stehen, dann erlischt eben ihre souveräne Selektionsfähigkeit und die Zelle muß eine andere ihr aufgedrängte Substanz als Ersatz nehmen.

Es zeigt sich also, daß unsere Untersuchungen wieder gegen ein altes Vorurteil ankämpfen.

Die landläufige Meinung sagt: Die bösartige Zelle raubt dem gesunden Organismus die besten Säfte; die tatsächliche Untersuchung zeigt das Gegenteil: der Organismus bietet der gereizten Stelle kein genügendes Normalersatzmaterial, weil sein Verdauungssystem erkrankt ist, und gibt ihr ein verändertes, das zur Bösartigkeit führt.

Und weil nun diese Anomalie nicht nur unabhängig vom Karzinomtumor sogar in der Eprouvette, weil sie auch in vivo im Darme trotz wirksamer Radikaloperation nachweisbar ist, erscheint uns diese Anomalie als die Grundlage der allgemeinen Disposition für Karzinom.

Diese allgemeine Disposition wäre als eine der beiden klinischen wichtigen Faktoren der Disposition aufzufassen, als jene Stoffwechseländerung, die allein, ohne daß eine lokal spezifisch defekte Stelle hinzukommt, kein Karzinom bewirken kann, weil die schädliche Substanz wie ein Fremdkörper bei den normalen Zellen keinen Eingang, keine Verwendung findet, wohl aber dort, wo auch die lokale Disposition an irgendeiner Stelle durch den Verlust an normaler Lipoidschutzsäure gegeben ist, was natürlich bei Reizungen im Alter, entsprechend der Verarmung an dieser Substanz, leichter der Fall sein wird.

Mit dieser Notwendigkeit zweier Faktoren würde sich erklären, daß immer nur ein Prozentsatz der chronisch Gereizten oder nur bestimmte Tiere bei Impfungen an Karzinom erkranken. Angesichts der Feststellung so wichtiger disponierender Faktoren erhebt sich naturgemäß die Frage, ob dies die Gesamtheit der disponierenden Faktoren sei; eine Frage, die endgültig nur durch den Versuch einer auf diesen Prinzipien fußenden künstlichen Erzeugung von Karzinom gelöst werden kann und soll.

Immerhin gibt es eine Reihe von Beobachtungen, die zeigen, daß im Plasma, resp. Serum, Substanzen existieren, die wachstumfördernd, also disponierend wirken. So hat Hirschfeld gefunden, daß durch Tränkung des Impfmaterials mit Normalserum das Impfresultat beim Mäusekarzinom wesentlich geringer ist. Weiters haben Albrecht und Joanowicz Vermehrung der Tumorzellen nur bei Züchtung im Plasma Karzinomatöser konstatiert, schließlich konnte Roda Erdmann bei Reinplantationen nur dann Tumoren erzeugen, wenn das Explantat längere Zeit hindurch im Plasma tumorkranker Tiere gezüchtet wurde.

Es sind also die Faktoren, die wir bei der zytolytischen Reaktion prüfen und nachweisen, auch für das Entstehen und Wachsen des Tumors maßgebend.

Mit Rücksicht auf diese Tatsachen geht folgende Auffassung des Karzinomproblems hervor. Im Darm eines zu Karzinom Disponierten besteht eine Änderung, derzufolge nebst anderen Anomalien des Eiweißabbaues aus Palmitin nicht mehr oder in geringem Maße eine gesättigte Dikarbonsäure entsteht, die im Organismus als Grenzschutz gegenüber Karzinom verwendet wird, sondern mehr oder weniger einer ungesättigten Dikarbonsäure, die im Serum aufgenommen, durch Verkuppelung mit Euglobulin und Kohlehydrat das spezifische Karzinom Nukleoglobulin erzeugt. Dieses Nukleoglobulin wird von Normalzellen nicht aufgenommen (eventuell zerstört). An Stellen, wo aber bei chronischen Reizzuständen ein zu intensiver lokaler Verbrauch an Normalsäure existiert, entsteht schließlich ein Mangel an derselben in der Zelle. Die Zelle hat dadurch nicht mehr ihre souveräne Selektionsfähigkeit und das krankhafte Karzinom-Nukleoglobulin wird aufgenommen und mit anderen Zellbestandteilen zum Nukleoproteid umgewandelt. Dadurch ist eine krankhafte Zelle entstanden, die naturgemäß krankhafte Produkte adsorbiert. Bei länger währendem Zustande tritt dann auch im ungereizten Organismus Mangel an Normalsäure ein und bei Verschleppung von Zellen Metastasierung. Wird aber rechtzeitig die krankhafte Stelle operiert, dann sind eben nur Normalzellen da, die die Materia peccans nicht aufnehmen. In einem solchen Falle müßte es bald zu einer exzessiven Anhäufung der Säure kommen, wenn für sie kein Ausweg wäre. Dieser Ausweg ist da. Die Materia peccans wird aber — wie unsere Untersuchungen gelehrt haben — insoweit sie durch kranke Zellen nicht adsorbiert oder im Organismus zerstört wird, durch den Urin ausgeschieden. So sehen wir, daß diese beiden für das Karzinomproblem so wichtigen Substanzen gleich anderen Stoffwechselprodukten im Organismus kursieren und eventuell zur Ausscheidung gelangen und es davon, welche der Darmsäuren mehr erzeugt wird, abhängt, ob ein gereiztes Gewebe normal reagieren kann oder krankhaft reagieren muß.

Auf jeden Fall scheint es uns von besonderer Bedeutung, wenn bezüglich der Erzeugung von Wachstummaterial in jenen Betrieben des Organismus, der für das Wachstum doch die mächtigste Bedeutung hat, im Verdauungssystem eine so kardinale und tumorspezifische Änderung nicht nur festgestellt ist, sondern auch die Möglichkeit ihrer Änderung gegeben ist; es kann doch mindestens für den Verlauf der Erkrankung nicht gleichgültig sein, ob sich derart schädliche Substanzen in größerer Menge entwickeln können; denn welches Mittel immer gegen die Tumoren in Anwendung kommt, und wenn es noch so zerstörend auf den vorhandenen Tumor wirkt, das Unheimliche dieses Leidens besteht in der Rezidive, und indem die Quelle der unheimlichen — wenn auch nun nicht mehr geheimen — Gewalt, mit der der Organismus gerade die Neubildung ernährt, gedrosselt wird, ist das hinweggeräumt, was den Organismus von seinem Stoffwechsel aus für das Karzinom disponiert.

Literaturverzeichnis.

ARZT und KERL, Wien. klin. Wochenschr., Jhrg. 25, H. 46, 1912.
BOAS, Klin. Wochenschr. 1903.
BRAUNSTEIN, Deutsche med. Wochenschr. Jhrg. 27, 1923.
EMBDEN, Kongr. f. innere Med., München 1906.
EDELBACHER, Zeitschr. für physiol. Chemie, Bd. 120, 1922.
ERDMANN, Zeitschr. für Krebsforschung, Nr. 20, 1923.
FRANKENTHAL, Zeitschr. für Krebsforschung, Bd. 16, S. 95.
FREUND E., Wr. med. Blätter 1885, Nr. 9, Verhandl. d. Kongr. f. innere
    Med. S. 404, 1889; Wien. klin. Rundschau H. 1, 1905; Int.
    Krebs-Konf. Brüssel 1913; Wien. klin. Wochenschr. H. 27, 1912;
    S. 1651, 1913; H. 51, 1921; Wien. med. Wochenschr. H. 1, 1925.
FREUND E. und G. KAMINER, Wien. klin. Wochenschr. S. 378 und H. 34, 1910;
    S. 1759, 1911; H. 43, 1912; H. 6 und H. 25, 1913; H. 14, 1914;
    Bioch. Zeitschr. Bd. 26, H. 3/4, 1910; Bd. 46, H. 6, 1912; Bd. 112,
    H. 1/3, 1920; Bd. 149, H. 3/4, 1924.
FREUND E. und TÖPFER, Zeitschr. für exp. Pathol. und Therap., Nr. 3.
FREUND E. und KRAFT, Biochem. Zeitschr. Bd. 136, H. 1/3.
FRIEDMANN, Beiträge zur chem. Phys. und Path., Bd. 11.
FULIC, Sarc. int. dix Med., Nr. 24, 1910.
JOANOVICZ, Wien. klin. Wochenschr. H. 1, 1908; H. 39, 1913; H. 29, 1916.
KAMINER, Wien. klin. Wochenschr., Jhrg.. 29, H. 13, 1917.
KAMINER und MORGENSTERN, Wien. klin. Wochenschr., Jhrg. 30, H. 2, 1916.
— — Biochem. Zeitschr. Bd. 84, H. 5/6.
KRAUS, GRAFF und RANZI, Wien. klin. Wochenschr. H. 6, 1911.
LESCHKE, Beiträge zur Klinik der Infektionskrankheiten und zur Immunitäts-
    forschung, 1, H. 2.
MACKENZIE, Lanzet, II/15, 1923.
MONAKOW, Münch. med. Wochenschr. 1911.
UGO MELLO, Compt. rend. soc. biolog. 74, 231—33.
NATHER und ORATOR, Mitt. a. d. Grenzgeb. d. Med. u. Chir., 35, S. 611;
    Klin. Wochenschr. S. 1499, 1923.
NEIS, Journal of research 29, 1923.
NEUBERG, Biochem. Zeitschr. Bd. 26, 34.
OESTERREICHER, Prag. med. Wochenschr. 1903.
PICCALUGA, Tumori, 1925.
RUSSEL, Brit. journ. of exp. pathol. Bd. 1, 1921; Bd. 3, 1922.
TADENUMA, KENJI und HOTA, Biochem. Zeitschr. Bd. 137.
TRINKLER, Zentralbl. f. d. med. Wissensch. S. 486, 1890.
WARBURG und MINAMI, Klin. Wochenschr. H. 2, 1923.
WARBURG, NEGELEIN und POSNER, Klin. Wochenschr. H. 24, 1924.
WOLFF, Die Lehre von der Krebskrankheit.

Manzsche Buchdruckerei, Wien. 3035.